[韩]吴恩瑛———— 著　叶蕾————译

# 自 我 和 解

## 给 曾 经 受 伤 的 孩 子

国文出版社
·北京·

果麦文化 出品

# 目录
CONTENTS

001　　前言
　　　谁的内心不是布满伤痕呢？

**PART 1 父母是谁？**
**作为父母，怎么可以如此对待子女？**

008　　父母为何会给子女带来如此大的伤害？
012　　你可以不喜欢自己的父母
017　　不是所有的父母都合格
022　　告诉父母"我不要！""我太累了！"
028　　可以理解，同时不原谅
033　　保持距离，不苛求别人，不为难自己
038　　退后几步，把父母作为独立的个体看待
044　　父母只记得自己的好，而孩子只记得父母的不好？
049　　对孩子的爱越深，越给孩子带来痛苦？

**PART 2 我是谁?**

**你没有错,那时的你太小了**

057　你不是讨厌父母,而是讨厌自己
062　为什么再小的事情,我也难以做出决定?
066　对方得寸进尺,为何我还要一直忍耐?
070　只要是父母想让我做的事,我都不想做
074　为什么我总是遇到"渣男"?
081　不会说"不",也不擅长处理人际关系怎么办?
085　不要只埋头于"应该……",却忽略了"我"本身
092　小时候被父母打,长大后又打孩子
097　公司的人都排挤我,我做错了什么?
103　"性洁癖"者应该如何对孩子进行性教育?
107　因为没上过大学,被孩子看不起怎么办?
113　太累的时候,对人生充满了迷茫
117　为何我总是逃不脱"无谓的后悔"?
124　稍微不被理解,就感觉自己被抛弃了
128　如何才能与内心的痛苦和解?

**PART 3 当我也为人父母……**

**不要担心，你的孩子和你不一样**

133　我不想成为像自己母亲一样的妈妈

137　别担心，孩子不会像你那样长大的

142　为什么要如此抱歉？负罪感绝不是母爱

147　适度的管教是必需的，但不要过于严厉

153　为什么只有我们家孩子这么不听话？

159　不像孩子的孩子才是最可怜的

164　无论何时，父母都应该向孩子伸出援手

169　放轻松，育儿不需要小题大做

173　孩子的"感受"不等于"想法"

177　自信是父母送给孩子最好的礼物

182　"和父母共同拥有的美好回忆"才是最重要的

186　希望孩子成才的想法太强烈，也会成为父母的执念

**PART 4 与自己和解……**

**知道了痛苦开始的地方，也会知道幸福降临的地方**

191 和自己的内心携起手来，是与自己和解的开始

194 停下来，唤醒自己，别让情绪牵着我们的鼻子走

199 承认伤害，承认欲望，接受自己

204 即使伤心，也不要让人生的根基动摇

208 大声提醒自己："我又开始了，警惕！"

213 如果可以忍受，像现在这样也没关系

217 你很好，但不要期待所有人都喜欢自己

222 避开自己不擅长的事情，也是一种智慧

226 我们现在走的这条路，也许是最好的安排

230 做好对今天最好的安排，便足矣

236 写在最后

每晚入睡之前，请原谅自己

# 前 言

## 谁的内心不是布满伤痕呢？

本书中的文章，最初发表于《韩国日报》的心理咨询专栏《吴恩瑛的和解》。这个专栏已经连载两年多了，在这期间我收到了很多为内心创伤所苦的人的来信。在我们身边，很多人虽然从未去精神科看过医生，但一直饱受心理疾病之苦。这个专栏吸引了大量读者，一些文章的阅读量多达数万，评论也多达几千条。人们都很同情那些故事的主人公，不但向他们表达安慰，也提出了真诚的建议，并为他们今后的生活加油打气。还有一些人说出了自己的故事，有的人比故事的主人公更伤心、更愤怒，为此大哭一场，表示自己从故事中得到了很多慰藉。有时读者还会对我们谈话的内容发表意见，并展开激烈的争论。

我曾一度十分好奇，为何大家会如此关注这些故事？按说这与读者没有任何关系，是什么让他们产生如此深切的共鸣，还会情绪激动、痛哭流泪呢？但细细想来，我们之中谁又能说自己不是这些故事的主人公呢？当然，每个人的情况都不一样。然而每个人的内心都有着或大或小的创伤，都在用某种东西苦苦支撑着自己。还有，就算那些故事的主人公不是"我"，也可能在"我"的身边，是"我"需要安慰和理解的对象。

这个世界上，有多少人的父母是完美的呢？有的父母会对子女说重话，有的父母会在某个瞬间失去理智，有的父母可能非常自私，有的父母会有意无意地拿子女跟别人比较并加以指责，还有的父母对所有的孩子做不到一碗水端平。在应该教会子女辨别是非对错、保护子女的时刻，他们却没能做到。在我们身边，这样的父母并不少见。但是，正所谓人无完人，父母也不例外，真正完美的父母并不存在。现实中，虽然大多数父母本能地爱着自己的孩子，甚至不惜为之献出生命，却往往还是会因为各种原因而给子女带来伤害。

无论是那些谁看了都觉得有问题的父母，还是常常被称作是榜样的父母，都会遇到这样的问题。没有人在与父母的关系中不存在矛盾，只是矛盾的大小、程度不同而已。矛盾较大者，可能会因为无法承受而在痛苦中久久挣扎；而矛盾较小者，草草处理了事，也还过得去。正因每个人都与父母存在矛盾，这些大大小小的故事，也可以说都是我们自己的伤痛、我们自己的故事。

写专栏的时候，我一直在想，与我们伤痛的深度相比，文字会不会过于浮于表面？与我们内心伤痛的重量相比，这些建议和安慰会不会太过轻微？这些疑问困扰我良久。我还想和大家分享更多更为深刻的故事。我们每个人都一天天努力生活着,仿佛没有什么事发生,但是,谁的内心没有痛苦呢?虽然每个人的年龄、状况、生活、职业都不一样,但谁的日子不是充满艰辛?没有谁的明天不是充满未知,也没有谁的今天不在负重前行。

我常常思索:"怎样才能让大家获得一丝心灵的平静呢?哪怕只有一瞬间也好啊!"这也是我写这本书的初衷。我们的伤痛源自何处?现在的我们为什么会如此痛苦?应该如何看待这种痛苦?今后又该如何面对这种痛苦?在书中,我小心地记录了这些问题,同时对它们进行了分析研究。我不仅是作为精神健康医学科的专业医生,还作为各位读者朋友的人生前辈,作为朋友,作为母亲,作为姐妹,作为子女,而做了这样的努力。

读完这本书,希望所有人能首先与自己和解。与父母、子女、兄弟姐妹、朋友或身边的人和解是次要的,如果你不想与他们和解,你可以选择不这样做。但是,我恳切地希望所有人都能与自己和解。束手无策、饱受委屈的"我",嫌自己不争气、讨厌自己的"我",认为自己什么都做不好的"我"……希望那个受伤的"我"和被自己讨厌的"我"能够和解。伤痛的起因并不在于"我",请记住这一点。明白这一点,才可能与自己达成真正的和解。

也许你会说:"别人怎样我不知道,但我的伤痛太深了,我无法和解。"我能理解这样的想法。"我每天都在被父母伤害，怎么可能和他们和解？"是的，你说得有道理，这确实很难。如果你觉得困难，那可能真的很难。如果你感到痛苦，那可能真的很痛苦。你说你做不到"与自己和解"，也是有这种可能的。你之所以会有这样的感觉，一定有你自己的理由。我不会说："事情有这么严重吗？"如果本人感到痛苦，那一定有其原因，是可以被理解的。

即使如此，我还是非常感谢。感谢给我发来自己故事的朋友，感谢阅读我评论的朋友，感谢听我演讲、来医院找我咨询、关注我博客的所有朋友，也感谢打开这本书的读者朋友。对于你们当中的每一位，我都心存感激。谢谢你们能把内心最深处难以言表的故事讲给我听，把尚在流血的伤口记录下来给我看，谢谢你们把自己的内心完全向我敞开。比起那些深深的痛苦，我只能用寥寥几行文字回复，非常感谢你们的阅读和倾听。我知道，有些事情光是回想起来都很痛苦，谢谢你们鼓起勇气一次次重新审视它们。你我素不相识，你们却毫无保留地把内心的一切都向我倾诉，并希望得到我的建议，真的非常感谢大家的这份信任。

我还要说，你能说出当时受到的伤害，而且现在也能表达自身的痛苦，这本身就是你很有力量的证据！要知道，重新审视心中的伤痛，再把它们说出来，是非常困难的事情。你曾经那么痛苦，却没有放弃自己的人生，而是继续坚持，这就足以说明你是一个很不错的人，也是你体内拥有巨大能量的证据！

当我们内心出现问题，想要改善，就要认识问题的本质。给报纸专栏发来自己故事的朋友、找我咨询的朋友，以及正在读这本书的你，都是具备这种认识的人。最让人心疼的是那些尚未意识到问题所在的人，他们不知道自己为什么痛苦，只知道自己很难过。你也是认识到问题所在才会翻开这本书的吧？你是内心拥有力量的人，你不仅具备这种认识，而且，虽然没有受到过书中故事主角所受的伤害，却能自主关注人们肉眼看不到的矛盾、痛苦、伤害，这是一种智慧，也是一种宝贵的内在资源。希望你继续保持这股力量。在读这本书的过程中，希望你的力量能变得更加强大，帮助你在关键时刻保护自己。

这本书中出现了很多"我"，这些"我"其实是"我们"，也是"你"。衷心地希望这些不完美的文字能给你带来些许安慰，帮助你在动荡的生活中，始终保持一颗平和、坚强的心。

精神健康医学专家　吴恩瑛

# PART ❶ 父母是谁?

作为父母,
怎么可以如此
对待子女?

## 父母为何会给子女带来
## 如此大的伤害？

有一位二十多岁的青年,来咨询的时候,哪怕是夏天,也常常围着一条红色的围脖。他从上初中开始便经常找我做咨询,炎热的夏天,人们看到这个戴着红色围脖的年轻男子,纷纷侧目。原来,青年的母亲在他上小学的时候因癌症去世了。当母亲听说自己只剩下几个月的时间后,就买回几团红色的毛线,每天给儿子织围脖。每当青年想念妈妈,就戴上这条红围脖,这样他就觉得妈妈仿佛还在身边,心里会变得温暖、平静。

对子女而言,父母意味着什么?

不久前认识的一位二十多岁的女子告诉我,直到现在,一想到十八岁时的那件事,她的情绪就会崩溃。父母离婚以后,她便和母亲一起生活。十八岁那年的一个冬夜,她身体突然很不舒服,熬到第二天凌晨实在坚持不下去,便去了医院挂急诊。

妈妈就睡在隔壁房间，但她不想让妈妈担心，于是没有叫醒她，自己一个人去了医院。她在急诊室待到早上，退烧后便回家了，这时妈妈还在睡觉。她过去告诉妈妈："妈，我生病了，凌晨去了急诊室，现在刚回来。"没想到妈妈说："我知道。"她呆住了，问："您既然知道，为什么不起来看看我？"妈妈却说："我第二天还要上班啊。""身为妈妈，怎么可以这么自私呢？"女子在心里这样想着，情绪彻底崩溃。在我面前，她不停地流着泪。

孩子需要怎样的父母？

父母是孩子的整个宇宙。只有这个宇宙是安全的，并且在这个宇宙中可以感受到被重视和被爱，形成信赖感的情况下，孩子才能安心成长。父母需要以"父母"的身份和孩子进行一定的互动，并给予足够的爱——并非只有孩子表现好的时候才给予爱，而是无条件地给予。感受到这种爱的孩子，即使父母不在身边，也会很安心。而得不到这种爱的孩子，即使父母在身边也会感到不安，甚至父母在身边的时候，他们会更不幸。

> 爸爸喝了酒就打妈妈。那天晚上，妈妈趁爸爸睡着的时候收拾了行李，她要离开这个家。我没有拦她，我让妈妈趁爸爸还没醒赶快走。以后妈妈不会再挨爸爸打了，我替她感到庆幸。妈妈离开以后，爸爸天天喝酒耍酒疯，我和年幼的弟弟过得非常辛苦。我结婚生子后，总是想起母亲离家出走时的背影。
>
> 每次回想小时候，我的脑海里只有挨妈妈打的记忆。学

习不好会挨打，没收拾房间会挨打，不接电话会挨打，和弟弟打架也会挨打……妈妈总是控制不好自己的情绪，心情好的时候她也会很温柔，但只要发生一件很小的事情，她就会瞬间拉下脸来，然后爆发。妈妈的脸色就是我的晴雨表，说不准什么时候我就会挨打。可爸爸装作什么都不知道，他从来没保护过我们。

上小学的时候，我被堂哥强暴了。那时我总觉得一切都是自己的错。我没有告诉父母，我怕他们骂我，会不要我。爸爸经常打妈妈，每当这个时候，妈妈就说要把我和弟弟都送到孤儿院。又过了几年，我把这件事告诉了妈妈。妈妈说，假如爸爸知道了，说不定会做出什么事来，还是睁一只眼闭一只眼吧。我感觉自己被抛弃了。

我遇到过很多因为父母而变得更加不幸的人。他们就像倾盆大雨中全身伤痕累累的小鸟，即使雨停了，也一瘸一拐地，忘记了飞上天空的方法。他们急切希望能再次飞翔，不停拍打着翅膀，但是伤痛却像一把锥子，一直刺向心脏。他们根本飞不起来，因为心是那么痛，连呼吸都很困难。

父母到底是怎样的存在，为什么会给子女带来如此大的伤害？

对孩子来说，父母意味着生命的开始，同时也是自己生存的根基。父母就像战场上的防空壕，孩子没有父母很难生存下去，不管是身体上，还是心灵上。孩子只有无条件地被父母接纳，生活中被爱所包围，才能健康成长。能得到来自父母的爱，孩子便获得了面对人生的力量。但是，很多父母没有这样做。他们给予子女最多的，是指责、干涉、恶语，甚至肢体暴力。有些父母甚至想抛弃孩子，孩子已经暴露在危险之中，但他们不但不会拼命保护孩子，反而会首先考虑自己的安危，孩子已经在垂死的边缘苦苦挣扎，可父母竟然无动于衷。

有些时候，反倒是还不太懂事的孩子在照顾父母的情绪，操持家里的家务。这就像把连鞋子都没穿的孩子独自留在战场上，他们不知道子弹会从哪里飞过来，内心该是何等的恐惧！这就像把孩子独自留在野生动物园的猛兽区，孩子听到四面八方的猛兽咆哮，该有多么害怕！又像在什么都看不见的漆黑一片的海上，孩子一个人坐在帆船上，是多么茫然无助啊！

有过这种经历的人忍不住会想：这样对待自己孩子的人，还能称为父母吗？作为父母，他们怎么可以如此对待子女？

## 你可以
## 不喜欢自己的父母

还记得电影《人民公敌》首映的时候,很多人由于观影过程太恐怖,事后流着泪找我咨询。影片主角赵圭焕曾是一名基金经理,他从父母那里得到了一大笔钱,用于投资股票。但后来,父母说要把钱捐给福利机构,要求他马上返还这笔钱。只要再过几天,投资就有希望得到翻倍回报,可父母怎么都不听他的解释。于是他一怒之下,将父母残忍地杀害了。事实上,比起杀人狂赵圭焕动辄大开杀戒的场景,更让观众们感到恐惧的,是隐藏在这个场景背后的自己。

所谓"隐藏在背后的自己",指的是对不断唠叨和指责自己的父母大声喊"够了!够了!不要再说了!"的自己;是想对不听劝阻,依然不停责骂自己的父母大叫"闭嘴吧!"的自己;是令人无法面对的、连自己都感到害怕的、对父母怀有敌意的那个自己;是一把推开对自己拳脚相加的父亲,冲出门的同时回头看到他摔倒在地，自己也大吃一惊，却又只能这样表达痛苦的暴力狂躁的自己；是某天突然翻开很久以前的日记本，发现上面写着"我恨死妈妈了""希望爸爸消失"，不想承认自己的内心，担心自己的愤怒会爆发，并为此忐忑不安的自己。

电影中的儿子性格扭曲，最终酿成大祸。但很多人在看这部电影的时候，是因为看到了自己内心没有发泄出来的痛苦和矛盾，所以感到害怕。

为什么看到自己内心的这一面会感到害怕呢？这是因为，无论父母如何表现，对父母的憎恨都会令子女感到不适，产生这样的想法会令他们感到痛苦。讨厌父母和讨厌朋友不一样，和讨厌对自己不好的老师也不一样。父母是不可以任意憎恨的，连单纯的讨厌都难以承受，如果对父母的敌意上升至瞬间想要杀死他们，一定会令你感到难以形容的痛苦。你会一直把这种想法隐藏在内心深处，不承认它们存在过。但通过电影，你又重新看到了自己的这一想法。

我认识一位三十五岁左右的女子，小时候她的父亲一喝酒就打人，有一次父亲从楼梯上滚下来，被救护车拉走了。当时她无意识地咕哝了一句："千万不要醒过来，求您了……"自己竟然有如此大逆不道的想法，这令她非常痛苦。一直以来她听到最多的夸赞便是"这家的女儿真乖""你真是个好孩子"。是的，她是个乖乖女。也正因如此，她更加无法接受自己内心存在如此阴暗的一面。就算父母再不好，也不能有这种可怕的想法啊！她觉得自己简直可怕，只能把痛苦埋在心底，偷偷谴责自己。

但是我想说，请允许这样的想法存在。从研究人类无意识的精神分析角度来看，假如人类的痛苦超过了自己所能承受的极限，为了自我保全，深不可测的无意识之中便会产生极度的愤怒、仇恨和绝望，甚至会有杀死生养自己的父母的可怕想法。这有精神分析学依据。人在这样的状态下无疑是极度痛苦的，但是，这颗心本身没有罪。

还有一位四十多岁的男子说，父母让他感到害怕，他甚至想杀死父母。父母的每一句话和每一个动作都在折磨着他，他一直在痛苦的泥潭里苦苦挣扎。他向我坦白，说自己每次面对父母的时候都会感受到敌意，还问我："像我这样的人也配活在这个世界上吗？"

心理学所说的"自我的功能"当中，有一种重要的功能叫作"现实检验能力"，即人自觉地通过现实环境来验证自己心理活动的谬误，并随时修正自己行为的能力。每个人的一生都需要持续努力，不断完善这项能力。由于某些原因，我们经常会产生一些不好的想法，这些想法如果说出来可能是石破天惊的。但是，产生这些想法本身并不是罪，人的内心可以是自由的。假如你有那样的想法，但从未付诸行动，就没有关系，你依然可以过得很好，你的精神依然是健康的。

你想原谅小时候虐待过自己的父母，希望内心那个受过伤害的小孩从此阳光起来。可是，只要回忆起童年的事情，你就恨自己的父母。在最需要得到父母保护的时期，父母却给孩子身心带来巨大伤害，对孩子来说这是非常绝望的事情，成年以后孩子很可能对父母充满怨恨，并且一直无法原谅他们。

还有一种父母是干涉型的。孩子已经年过三十，有着不错的工作，但父母依然认为只有自己是对的，从不允许反驳。只要孩子稍微流露出一丝不悦，父母就会黯然神伤——"当初一把屎一把尿把你拉扯大，我容易吗？""这都是为了你好啊！"这类父母是侵袭性的，他们就像渗入稿纸的水，无声地侵袭着子女的人生。他们不是用打骂那种攻击的形式，而是以非常被动的方式执着地、不断地渗透到子女的人生中去。他们不允许子女过自己的人生，而是强迫子女过父母要求的人生，这种父母会让子女感到窒息。子女很可能为了不成为像自己父母一样的人而不愿意结婚，也不愿有后代。

所以，有的子女讨厌自己的父母，甚至怨恨他们。当这种感受化为愤怒，子女又会感到非常不安。怎么可以抛弃父母呢？怎么可以憎恨他们呢？子女在不安和痛苦的泥潭中越陷越深。其实，比起对父母的憎恶和愤怒，你内心恐惧的感受更多，这足以证明你已经是比父母更加成熟的人。为了健康地长大，你一定在不停鞭策着自己。但是，在人生需要做出重要选择的瞬间，这种不安和恐惧势必会束缚你的脚步，使你选择一条自己并非真正喜欢的路。这是非常令人遗憾的。

"我不想成为像我妈妈那样的妈妈。""如果我当了爸爸,肯定不会像我父亲那样。"曾经受过父母伤害的孩子很容易说出这些话。这些话语当中,无一不透露出怨恨和失望。"不愿成为跟某人相似的人"本身就透露出对于那个对象"讨厌""憎恶""愤怒"的意味。如果不想成为像父母一样的人,首先要承认自己"不喜欢父母""讨厌父母"。如果这种感受过重,其结果便是我们很难摆脱父母的影响。这是因为,如果过度沉浸于憎恶和愤怒,我们就无法看清自己从对方那里受到的影响。

我们总是自以为很了解自己,但大多数情况是,我们远不如自己想象的那样了解自己。如果想真正了解自己,可以尝试退至旁观者的位置,远远地观察自己。但是,对于一种强烈的情感,如果我们不清楚它是什么,即使站到旁观者的位置上,也不可能有所顿悟,自然也不可能明白:"啊,原来我受到了它们的影响!正是因为这些影响,我才产生了这样的想法!也正因如此,我才会选择用这种方式解决问题!这些东西在我心里扎了根,所以我才会这样看待别人啊!"

如果你曾因为父母而受到伤害,那么你感到痛苦和愤怒,都是非常正常的。承认这种感受,并不意味着你是坏人。要治愈从父母那里受到的伤害,首先要认识自己的心。先要读懂自己的心,在此之后,你还需要一个消化的过程。请先承认自己的感受吧。感觉不喜欢,就允许自己去讨厌。当你感觉愤怒涌上心头,不要逃避,更不必为此感到内疚。

## 不是所有的父母都合格

每个人都有父母。我们都曾为人子女，被父母带到这个世界上，养育成人，且从父母那里受到很多影响。因此，在我们因为自己而感到苦恼的时候，就不能撇开父母的影响不谈。

"身为父母，怎么能那样做呢？"这种质问是理所当然的。因为令人遗憾的是，世界上有很多不成熟的人。他们虽然在年龄上是成年人，内心却并不成熟。有些人既不成熟，也不具备成为父母的条件。还有的人缺乏与实际年龄相符的责任感，以及保持情绪稳定的能力。不幸的是，我们的父亲、母亲便有可能是这些人中的一员。

那些稍不合己意就大发雷霆、暴跳如雷的父母，大多数不懂得调整自己的情绪。在成为父母之前，他们就是这样的人。人的体内有很多"口袋"——学习"口袋"、运动"口袋"、情绪调节"口袋"，等等。每个人的"口袋"大小都不一样。情绪调节"口袋"特别小的人，往往通过对他人乱发脾气来解决自己无法消化的情绪。而他们发泄的对象一般是近在眼前，可以随意对待的弱者，比如孩子。如果这个人有很多孩子，那么其中最老实的孩子成为牺牲品的概率最大。

这类人是非常自私的。在他们看来，与自己给别人带来的十分伤害相比，自己受到的那一分伤害更大、更痛苦。只有把负面情绪像吐痰一样吐出来，亲手感受到殴打孩子的快感，亲眼看到孩子痛苦地哭泣，还要随心所欲地乱摔乱砸，他们才能呼吸顺畅。近年来，由"愤怒调节障碍症"引发的事件很常见。一气之下毁坏他人财物者、盛怒之下挥刀刺伤陌生人者、恶意纵火者……上面说到的父母和这些人没有本质区别。他们不能妥善处理自身情绪，只能用极端的方式发泄出来，或者用极端方式惩罚别人，似乎如此才能解气。

有的父母总觉得，比起孩子，自己才应该是别人关心和同情的对象。这类父母凡事都以自我为中心，他们解决矛盾的方式以及对待别人的态度，都一贯以自我为中心，其他人要无条件地站到自己这一边，自己一定要占据对话的中心，比起别人被钉子刺伤的痛苦，希望大家对自己手上的刺给予更多的同情。简言之，这类父母的人格是不成熟的，他们的行为可以说非常幼稚，他们很难关心他人的人生，也很难担负起作为一个成年人所应担负的责任。

人的一生会经历青年期、壮年期、中年期以及老年期，每个阶段都需要具备与年龄成正比的相应的人格。上文中提到的父母显然不具备这种人格。过度地以自我为中心是幼儿期的典型特征，可以说，他们的人格在某种程度上仍停留在这个阶段。对于这样的父母，即使子女做得再多、再好，他们也很难感到满足。

那些抛弃子女的父母没有保护子女的概念。在他们眼里，自己的幸福更重要。为了自己的追求或因外遇而抛弃子女的父母，以及因为配偶的家庭暴力或经济上的原因，不得已丢下孩子离家出走的父母，在本质上都是一样的。如果一定要离开，也应该带着孩子一起摆脱险境才对啊！

看到这里，也许有人会觉得委屈，因为每个人的人生背负的东西都不同。但是我想说，无论生活多么艰难，父母都不能离开自己作为父母的位置。如果缺失了这一基本概念，子女受到的伤害将是不可估量的。

令人遗憾的是，很多父母只有孩子学习成绩好的时候才给孩子好脸色，而且他们认为这就是自己对子女的爱。他们相信，只有孩子成绩好，考上好大学，找到父母满意的工作，才能获得幸福的人生。为了实现这一点，他们几乎不择手段，有时不惜对孩子口不择言，甚至实行棍棒教育。父母本应是世界上最能给孩子安全感的人，但这样的父母只能令孩子感到不安和害怕。

如果子女与父母关系的本质结构是一段经常带来羞耻感的关系——子女的行为会持续受到评价、指责，并带来羞耻感，那么孩子得到认可的机会就会大大降低，其自尊感也将大大降低，当遇到他人攻击自己的时候，孩子的内心很难有足够的力量去抵御这一切。

还有一些人根本不配为人父母，比如那些对自己的孩子进行性侵犯的人。不论什么种族、哪个国家，所有的父母都有义务呵护和保护自己的孩子。但有些父母却在戕害自己的孩子，其所作所为令人发指，简直天人共怒。为什么会发生这样的事情？因为没有接受良好的教育？不，没有上过学的人不在少数，但并非所有的人都如此不堪，用"人面兽心""反人伦"来形容他们毫不为过。生活中，这类人往往无视他人的情感和权利，且极不负责。

对于这些人来说，子女不仅仅是子女。需要钱的时候，子女就是自己的打工仔；需要干活的时候，子女就要充当苦力；需要做饭的时候，子女就要化身为保姆；甚至在需要发泄性欲的时候，子女也可以成为自己泄欲的工具。真的是禽兽不如！最恶劣的是，这些人从不认为自己哪里做错了。在他们至少二十几年的人生里，有关做人的道理和应该担负的责任方面，都是一片空白。

孩子受到父亲的性侵害，母亲却佯装不知，这种情况下，孩子感受到的背叛感一定是前所未有的；母亲的反应不咸不淡，会让孩子受到更大的二次伤害。也许下面的解释有为母亲辩护的嫌疑，但我还是要说，如果母亲长期遭受家庭暴力，她的自尊感一定非常低，判断力也会发生错乱。

还有一些家庭的孩子受到了亲戚的猥亵或强暴，但考虑到

"家丑不可外扬",于是私下里选择息事宁人,现实中这种情况比我们想象的还要多。但是,这不是作为家长应该采取的态度。对近在眼前的恶劣事件佯装不知,和家人若无其事、嘻嘻哈哈,正常出席亲戚聚会,照常和所有人打招呼、寒暄,这样做的意义是什么?真的非常虚伪和病态。

如果父母不合格,孩子的成长势必受到负面影响。不合格的父母向孩子展示的全部是反面教材,包括家庭危机来临的时候、彼此产生矛盾的时候、父母应该担负起责任的时候。假如在长大成人之前的二十到三十年的时间里,一年三百六十五天,每天二十四小时,孩子接收到的全是不良的话语和异常的行为方式、不恰当的解决问题的方式,那么毫无疑问,这种影响会伴随他们一生。

## 告诉父母
## "我不要!""我太累了!"

妈妈对我和妹妹特别严厉。她从来没有表扬或鼓励过我们。她开口闭口都是钱、钱、钱,还经常拿我们兄妹和别人家的孩子比较。我很想得到妈妈的爱和肯定,但结果总是事与愿违。不管是在家里还是在学校,以及成年后在公司里,我都得不到别人的肯定。二十岁那年,我还患上了抑郁症和惊恐障碍。妈妈说这是因为我太过软弱才得的病,让我多锻炼身体。她还是和从前一样,对我的内心世界漠不关心。在她眼里,只有"结果"是重要的,而我已经没救了。我四处打工,妹妹则在准备就业。我对自己的人生感到愤懑,总觉得一切都是妈妈的错。我还想过,一定要听到妈妈向我道歉。她说过的那些狠话、做过的每一件事,我都记得清清楚楚。可是,她刚查出来得了癌症,已经时日不多了。突然间我觉得妈妈的人生也很不幸。这些日子她一心只想求死,已经不怎么吃东西了。我的心很痛，已经不想听到什么道歉了。我只希望她能活着，留在我身边。

我们总要经历离别，离别的对象有可能是父母，有可能是兄弟，有可能是朋友，也有可能是子女。离别本就是人生的常态。话虽如此，但是当事情真正发生的时候，我们往往很难接受。上文中的"我"得知母亲已经时日不多，恳切地希望母亲能活下来。在母亲人生最后的时间里，他表示自己已经不想再让母亲道歉，但是，这并非心理上真正的和解。如果从父母那里受到了很大的伤害，却试图像没发生过一样掩盖过去，父母去世以后，子女很可能一辈子都解不开这个心结。

也许母亲觉得对子女过于迁就会让他们变得软弱。她担心自己的语气太过温柔，对孩子会失去震慑力。作为妈妈，更不可以流眼泪。于是她狠下心来对孩子严厉，而且经常说一些很重的话。所谓的"开口闭口都是钱、钱、钱"，也许本意不是想说"怎么又花了这么多钱"而是"要省着点花哦"；和别人家的孩子做比较，也可能本意不是要说"你比人家差远了"，而是"你也要更加努力哦"。如果母亲能更直接地表达自己的意思，孩子们也许会更容易接受一些，也就不会那么伤心了。但当时的"我"还太小，尚且不能理解母亲话语的真正含义。

至少要年过四十，我们才能真正理解父母的心意。我经常对家长们说，如果您的孩子现在没有超过四十岁，说话一定要坦诚一点，要让他们听明白，否则孩子很容易误解。孩子年龄尚小，不足以明白父母的心意，感受母爱的经历也不够多。如果他（她）感受到了足够多的温暖，也许就可以更好地理解母亲的心意，这样，受到的伤害也会随之降低。

上文中提到的母亲也许会非常委屈，觉得自己明明一直在鼓励和支持自己的孩子，而且为了培养他们已经竭尽全力。但是，母亲的出发点虽是好的，却不意味着做法一定是对的。没有用孩子能正确领会的语言来表达，是这位母亲的错。

怨恨父母的时候，子女为什么会产生心理压力呢？答案是因为负罪感。虽然很恨自己的父母，但除了恨，也有爱。上文中的"我"得知母亲身患癌症，已经时日不多，决定放下一切，只求母亲能多活一些日子。但是，由于父母身患重病，所以不得已暂时放下对父母的成见，假如这期间父母去世，子女多会本能地感到内疚。他们会觉得，是不是因为自己怨恨父母，嫌他们对自己不够好，给自己带来伤害，所以父母才会遭遇癌症或车祸这类不幸呢？现实中很多子女都有过类似的想法，不过，事实并非如他们想象的那般。父母离世的原因是癌症等"疾病"，或是"车祸"，这都与子女无关。上文中的"我"仍须与母亲对话，努力解开自己的心结。如果不这样做，母亲去世后"我"便彻底失去了解除误会的机会，很容易陷入深深的负罪感中。

如果您小时候被父母伤害过，请坦然地说出来——是的，有时候我特别恨爸爸（或妈妈），我埋怨过他们，也曾经觉得自己永远无法原谅他们。但是，回过头来想想，这种感情是非常复杂的，我的内心还有一些想法，那就是无论父母说什么，我都希望他们能一直好好活着，陪在我身边。

听到这些话，父母会说什么呢？很遗憾，我们最好不要期待父母会立刻道歉。大部分父母都不会道歉。其实，并非只有接受道歉，我们的伤口才能愈合，心灵才能自由。如果一味执着于希望得到父母的道歉，而父母自始至终无视我们，那样我们会受到更大的伤害。得到父母的道歉并不重要，对于现在的你来说，向父母倾诉自己的感受以及长久以来的痛苦，这种尝试本身才是最重要的。

"对不起，妈妈让你受苦了。你能长成今天的样子，妈妈很欣慰。以前都是妈妈不好，我真心向你道歉。妈妈现在不奢求别的，有你这样的女儿我已经很知足了。只要你健康、平安，妈妈就别无所求了。"一位年近五十的妈妈打算向二十岁出头的孩子道歉，我建议她这样写。现实生活中，如果父母都能对孩子说出类似的肺腑之言，那该有多好啊。

有这样一个女孩，十天前她出了车祸。虽然伤势不重，不需要住院，但是毕竟受了伤，因此她在家里静养了一星期。发生事故那天，姐姐把事情告诉了父母，但是父母竟然没打来电话。女孩心想，如果是弟弟遭遇了同样的事情，父母一定不是现在的反应。她很伤心。从小到大家里都是这样。姐姐学习好，长得又漂亮。弟弟是家里的老幺，是父母好不容易才盼来的儿子。父母的眼里只有姐姐和弟弟。女孩觉得自己很像电视剧《请回答1988》里的德善,从小到大都被父母忽视了。

意外的是,这天妈妈过来了。女儿说自己的腰和腿都疼,妈妈说:"那是因为你太胖了,减减肥就好了。"女儿生完孩子后变胖了不少,妈妈一直对此耿耿于怀。女儿很难过,近乎绝望地喊道:"不是!我出车祸了,所以全身都疼!"没想到妈妈又说:"还是胖了的事。只要瘦下来,肯定会好的。"女儿哭着说:"妈,我真的很难受!"妈妈回答:"行了行了,这个世界上有不难受的人吗?我比你更疼。我上了岁数,身子骨更不得劲儿。"

这时,儿时所有悲伤的记忆全都涌上女儿的心头。"一直都是这样,他们总是这样。"女儿再也无法忍受,用激动的语气分辩说,"妈,这是两码事!我上周出了车祸,身体受伤了。这跟我胖不胖有什么关系?您是不是太过分了?女儿出了车祸竟然连一个电话都没有,我真的是您的亲生女儿吗?您知道我心里有多委屈吗?"听到女儿的埋怨,妈妈反问道:"为什么你就不能先给我们打电话呢?非要我先打给你吗?"女儿又回忆起小时候的很多事情,越说越委屈。妈妈听完女儿的话,缓缓说道:"没想到你是这么想的。真正过分的人是你。那时候妈妈多辛苦啊,你作为女儿就不能理解一下妈妈吗?"女儿瘫坐到地上,用拳头砰砰捶打着自己的胸口。她想从妈妈那里听到的只有三个字——对、不、起……

很多父母听到子女的心声后,不是马上说"如果是这样,对不起",而是说"如果是这样,你要多理解爸爸妈妈"。难道他们真的从来没有担心过自己的孩子吗？我不这么认为。他们应该也有过担心。"对不起，我也不想这样。天天忙于生计，我对你的关心太少了，你一定很委屈。对不起。"如果父母这样回答，子女心中那个解不开的疙瘩一定会打开一些。可是，大多数父母最终还是吝啬于如此表达。

还有人给父母写过信。寄出了二十几封信，可父母的态度没有任何变化，也没有回信。作为父母也许会感到委屈，但在父母和子女的关系问题上，就算子女年龄再大，他（她）也是孩子，孩子更委屈。如果孩子一直处于委屈的心理状态，无论父母的出发点是怎样的，孩子都无法避免持续受到心理上的伤害。但在现实中，很多父母都不会把孩子心里的委屈当回事，也不会道歉。最终，这个心结还是要自己去打开。

我之所以建议读者和父母就自己的伤痛进行对话，是因为这本身就是一种试图积极解决问题的尝试。不管父母听完你的话是否道歉，至少我们说出了自己内心的想法，而这种做法对我们自身而言也是有积极意义的。

# 可以理解，
# 同时不原谅

> 哥哥从小就不爱学习，经常给家里惹麻烦。父母疲于给哥哥收拾烂摊子，很少顾得上我。我想为父母多分担一些，所以经常帮他们做事，学习也很努力。问题是哥哥还有暴力倾向，我从小学开始就经常挨他的打。现在我已经二十多岁了，哥哥还是动辄对我动手，而且没有任何理由。父母总是让我忍一忍，甚至还说过让我哄哄哥哥。

来信的这位男子已经忍无可忍，可父母还是让他继续忍耐。这么多年来，他的忍耐早已达到极限，父母却对此视若无睹。可以想象，长久以来他的身心都非常煎熬。从本质上来看，这和所有的家庭成员都对受到性侵害者说"只要你忍耐一些，大家就都可以生活得风平浪静"并无二致。

为了避免发生冲突，上文中的父母明知道大儿子有问题，却选择睁一只眼闭一只眼。也许他们也知道大儿子不对,但是如此包庇纵容,等于变相承认了大儿子的暴力倾向就是他的本性,就像认定"小偷肯定要偷东西的啊"一样。在任何情况下,家人,不,任何人都没有权力殴打他人。无论是谁,无论什么时候,我们都无权伤害他人的身体。因为施暴者是自己的家人,就要求受害者忍气吞声,这种做法是错误的。

现在,这位男子的内心一定千疮百孔。生活中他可能非常善良、任劳任怨。但他的承受力已经达到了极限。他一定非常委屈,委屈达到极致的时候,通常会伴随着怨恨和愤怒。但是对他来说,比起愤怒,更多的是万念俱灰。在遭受不公平对待的情形下,作为儿子他仍希望替父母分忧,但父母却只知道偏袒大儿子,没有为小儿子主持公道。他向父母求助过,结果却是被拒绝,那时的他内心一定是崩溃的,感觉自己的人生充满了挫折与绝望。

那么,为什么他要长时间忍受哥哥的暴力呢?我想,很有可能他对他人的共情能力非常强。看到父母心力交瘁的样子,他可能会想:"至少我不能再让父母这么操心了。"这样做的同时,他的内心也会产生一定的自我满足感。有些父母喜欢说:"你是个好孩子,从来都不用我们操心。"这句话给孩子带来的影响不容小觑,他很有可能也由此受到了很大的影响。他认为,只有自己不断忍耐,做一个让父母省心的孩子,才能得到父母的认可和喜爱。但是今天,要想更好地活下去,他必须和哥哥断绝关系。即使他再忍耐,哥哥也不会有任何改变。他需要脱离原生家庭。如果因为经济不够独立而继续选择和哥哥住在一起，这对他有百害而无一利。

还有一位女士哭着问我："院长，我这是在虐待孩子吗？"我回答说："你的做法确实属于虐待。但我相信，你还是爱她的。"在孩子成长的过程中，一切妨碍其身体和精神健康、舒适的行为都属于虐待。其中，语言虐待包括责骂、侮辱和嘲讽；肢体虐待即殴打。所有的殴打行为都是虐待吗？是的。只要不是失手，而是有意进行殴打，不管下手轻重，都属于虐待。是否虐待，与造成损害的轻重程度无关。

这位女士的童年非常不幸。上大学之前，她经常挨大哥的打。她长期忍受着这种暴力，家里却无人出来制止。大哥就像家里的一枚不定时炸弹，谁都不敢碰他。他和上面故事中那位男士的哥哥非常相似。大哥总说自己要替父母教育她，动辄对她非打即骂。可即使看到女儿被打，父母也从来没有劝阻过。那次她又挨了打，拉着妈妈伤心地哭了出来，妈妈却问她："你又做错什么了？"

虐待也会遗传，在虐待中长大的人很容易学会虐待他人。柔弱无助的女孩忍受着暴力长大，心中填满了愤怒和委屈，后来她做了妈妈，只要孩子稍微做错事情，她就忍不住打骂孩子。如果当初哥哥对她动手的时候，父母能告诉他："不管妹妹做错了什么，你也不能打她，打人是不对的！"她的人生是否会不一样呢？父母应该教会子女是非对错，以及做什么是被允许的，做什么是不被允许的。遗憾的是，她的父母并没有这样做，反而责怪女儿为什么要惹怒哥哥，把一切过错都推给没有丝毫反抗能力的女儿。

成年后她回忆起自己的童年，感慨道："现在想来，父母说不定就是因为害怕大哥，所以一直回避问题。与其激怒炸弹一般的儿子，还不如让我一个人挨打。"从她的话中，我感到了一种难言的无力感，同时也感到愤怒。家中年龄最小、力量最弱的子女被年龄最大、力量最强的子女霸凌，身为父母，怎么可以不站出来主持公道，反而先担心自己的安危呢？

她说她已经明白父母为什么那样做了，她能理解，却不能原谅。人的想法和判断被称为"认知"。"是啊，当时哥哥的性子很暴躁，父母心里也难免会打怵。"但即使认识到这一点，她也无法原谅自己的父母。人内心的想法不等同于大脑中的想法，更多的是一种情绪的反应，就算头脑可以理解，内心却还是无法原谅。

丈夫有外遇了，不是偶然的打情骂俏，而是好像由来已久。比起丈夫的移情别恋本身，妻子更加无法原谅的是丈夫长期以来一直在欺骗自己。丈夫深刻地认识到了自己的错误，他觉得很对不起妻子，也真心向妻子悔过了。他说，自己对不起妻子和孩子，现在心里无比后悔。妻子把丈夫大骂一顿，还狠狠打了好几下。丈夫问我："院长，她到底什么时候才会原谅我？"我回答说，她很可能永远都不会原谅你。"啊？"丈夫大吃一惊。

我又说:"但是,你们的矛盾可以慢慢得到缓和,还可以继续一起生活。只是,妻子受到的伤害太大,很有可能不会轻易原谅你,你只能尽自己最大的努力,去弥补以往的过错。"真实的情况就是这样,也许妻子到死都无法原谅丈夫的所作所为。

宽恕是人类独有的高层次价值,但是,它是无法被强求的。是否原谅别人,这是当事人自己的选择,是他(她)内心产生的意愿。理解也一样,它是我们心中自然而然发生的事情,谁也不能强迫。不必费尽心力试图理解父母。父母带给我们的创伤也许永远都无法愈合,如果无法理解、无法原谅,完全可以顺其自然,不必强求。因为,这是对我们感情的尊重。

## 保持距离，
## 不苛求别人，不为难自己

一位女性托母亲帮自己照顾两岁的孩子，之后她的噩梦开始了。母亲开始干涉家中的一切事务，小到孩子的养育方式、周末做什么，大到女人婆家的事情，母亲无一不插手干涉，不是以提建议的方式，而是用命令的口吻。她稍不听从，母亲便会面露不悦。母亲甚至对女婿也指手画脚，这让她非常难堪。她对母亲发过脾气，也声泪俱下过，但是没有用。她觉得自己快要窒息了。

她说，自己的成长过程中几乎没留下多少开心的记忆。那么，既然在母亲膝下长大的童年并不幸福，现在也如此痛苦，为什么不能离开母亲独立生活呢？一些孩子在自己还小的时候，为了生存会非常依赖和依恋自己的父母。如果父母持续拒绝孩子，或将孩子视为负担，孩子便会感受到绝望，从而拒绝靠近父母。从表面上看，他(她)非常独立，但那不过是"假性独立"，一旦时机成熟，孩子便会想方设法来弥补这一曾经的缺失。这个案例中的女性好像也属于这类情况。她之所以选择一直留在母亲身边，很有可能是为了满足自身的依赖性欲望，通过后天弥补这一不足，使自己完全被父母接受，重新得到父母的关心和保护。她在潜意识中会认为，比起小时候的孤独无助，还是现在的情形更容易接受。是的，那个受伤的孩子如今已经长大成人，却依然无法停止在父母身边寻求关爱。

在我看来，这位女性应该尽快脱离自己的母亲。她是一个成年人，内心却远远不够坚强。她担心母亲会毁掉自己家庭的幸福，也担心孩子长大后会成为像自己一样不幸福的人。为此，首先，她必须从身体和空间上与母亲拉开距离。比如，她可以搬家去远一些的地方。其次，她最好不要经常和母亲见面，保持情绪上的距离。当然，作为子女，偶尔还是免不了和父母见面，但是平时打电话的次数不必太多。我并不是主张和父母断绝关系，或像对待仇人一样。我的建议是，不要为了迎合父母而过度为难自己。保持一个彼此舒适的距离，不苛求别人，不为难自己，这才是真正的孝道。

很多人不敢离开父母，他们担心父母会伤心，担心自己会被别人指指点点，也担心自己在经济上无法独立，生活中会遇到各种无法解决的难题。种种理由，不一而足。还有一些人担心在此过程中会和父母发生冲突。最让子女感到为难的，是他们知道父母给自己带来了很多伤害，但也知道父母很爱自己。但是，请记住，为了自己和孩子、伴侣的幸福，为了更好地养育孩子而选择更明智的生活方式，这种做法本身无可厚非。由一对夫妇及未婚子女组成的所谓"核心家庭"本就是社会常态。即使不结婚，人在长大成人之后也必然走向独立。

当然，一些父母可能会对此强烈反对。请不要受此影响。不必发生争吵，只需默默听着，然后在时机成熟的瞬间付诸行动，如此才能使他们放弃。如果子女和父母的关系欠佳，子女会更难说服父母，短时间内改变父母的想法也不现实。如果因为担心和父母发生冲突而一味忽视和父母之间存在的矛盾，很有可能这些矛盾会在某一天集中爆发。

我也一度认为，如果一定要托人照顾孩子，还是让自己的妈妈来照顾比较好。但是，如果从小到大和妈妈没有多少美好的回忆，自己不赞同妈妈的教育方式，现在和妈妈的关系也不算和睦的话，最好不要让妈妈来帮自己带孩子。因为你一定会不停地担心，自己和妈妈的关系会重新在妈妈和自己的孩子之间重复。与其顾虑和忐忑，不如换个思路。就算累一些，就算自己没有育儿经验，至少你可以看书学习，或者请教育儿专家，努力抚养好自己的孩子。这样对孩子和自己都好。

父母当中有一类人是需求型的。在父母和子女的关系中，最重要的东西本不是获取需求，而是无条件地接受和肯定，即父母应该无条件将子女视为最重要的人。不管子女是否优秀，父母都应该接受自己的孩子，如此变化才可能发生。父母年长于子女，因此应该成为主动接纳的一方，而获取需求的应该是子女一方。子女可以要求父母接纳自己、爱自己、回应自己，但在现实生活中,父母从子女那里获取需求的情况非常多见。他们误以为这些要求是一种对话,是爱和关心。如果父母这样做,孩子将无法正常地展开翅膀,也无法过好属于自己的人生。

子女长到一定的年龄,就应该脱离父母独立生活。这是正常的生活方式,而不是反抗,也不是背叛或不孝。如果父母执意阻止子女独立,子女只能刻意和父母保持距离以求得独立的可能。所谓真正的独立,并非和父母断绝关系,而是改变专注的对象。比起父母,你可以更加专注于自己的配偶或孩子。如果你在婚后还时常受到父母的干涉,你可以反复地,同时坚决地告诉他们:"我已经结婚成家了,我会学着安排好自己的生活,让一切越来越好。今后,与我对话最多的不是妈妈,而是我的另一半。"只有这样,你和父母才能确立起基本的边界。当然,确立边界只是为了保证彼此的生活空间不被侵犯,而不意味着和父母疏远,甚至反目。

子女成年后,父母最好和子女保持一定的距离,不要过度控制和干涉子女的生活,如此才能保持健康的相处模式。如果父母对子女的某些做法感到不满,偶尔可以和孩子坐下来谈心。但仅此而已。无论多么担忧,子女毕竟已经长大成人,父母不可能要求他们一直按照自己的心意生活。作为父母,最容易犯的错误就是各种苦口婆心的说教和无休止的唠叨。与其相爱相杀,不如确立边界。假如子女一直伸手问家里要钱,不要说:"这段时间支援你多少了,怎么还不够?"而要说:"很遗憾,我们只能帮你这么多了。"父母学会放手，孩子才可能独立面对和解决问题。

家庭带给其成员的束缚远超过我们的想象，家庭成员违背自己家庭的意志，往往会受到非议。比如，有些父母会强迫子女借钱给兄弟姐妹。假如子女推脱说没有钱，父母会说："谁不知道你很有钱，自己的兄弟姐妹都不照顾一下，怎么这么冷血。"这是十足的家长权威主义，其做法缺乏对家庭成员的足够尊重。作为一家之主，家长的权威虽然有时并非坏事，但物极必反，高压的权威主义必然引发个人的不幸。

有些人成年后仍然持续受到父母不好的影响，幼年时期从父母那里受到的伤害，伤口还在流血。这种情况下，如果和父母持续纠缠不清，对于疗愈伤痛是非常不利的。伤口要痊愈，首先需要结痂，表皮结痂以后，内部才能长出新肉。要实现这一点，至少要保护好伤口。持续接受相同的刺激，就好像表皮刚要结痂就被揭开，如此反复，伤口不但不可能痊愈，反而会化脓发炎，变得更严重，自然就更难痊愈了。

如果父母总是带给你压力，最好的办法就是与其保持一定的距离。空间上的距离并不可怕，家人间互不打扰、彼此住得远、联系少，都不会真的冲淡亲情。"只要你过得比我好"，这份心意比形式上的亲密更重要。

## 退后几步，
## 把父母作为独立的个体看待

对父母的怨恨使我无比自责。"我还是人吗，怎么能这样想自己的父母？"同时我也想不通，"父母为什么要那样对我？他们为什么不喜欢我？""我是有多糟糕，连生养我的父母都不爱我。""我是有多不幸，才会遇到这样的父母。"如此，我陷入了自我否定的怪圈。

世界上没有一个人是糟糕的，所有的人都值得被尊重。认为自己很糟糕，这是非常错误的想法，但被父母伤害过的人往往很难摆脱这一思维定式，因为那些不会教育孩子的父母会一直给子女灌输这种错误的观念。

你不是坏孩子，你只是做出了那个年龄段的孩子特有的行为。但是，有些父母习惯了以自我为中心，他们明明没有很好地教育孩子，却动辄说："你这孩子真的太不懂事了，就知道让大人操心。"如此一来,孩子便会真的觉得自己不够懂事。还有一些父母不会控制自己的情绪,孩子做错事时他们不闻不问,孩子没犯任何错误却可能招来一顿打。孩子白白挨了打,也不可能听到道歉,等来的只有苍白的说教:"你就是欠揍,否则平白无故地我会打你吗?"

没有哪个人是"欠揍"的。明明是大人自己无法控制情绪,却归咎于无辜的孩子。但是,孩子真的会认为自己小时候就是"欠揍"。他(她)会觉得,如果小孩做错了事,就应该挨打。还有一些父母经常把下面这些话挂在嘴边:"你只顾自己!""不是告诉你好好争口气的吗?我就知道会这样!""在你身上花钱也没有用!""我真是头一次看到像你这样奇怪的孩子。"这些话语都会让孩子对自身形成极其错误的认识。

大部分人在成年后会自然具备客观看待事物的能力。比如,看到有些人很爱发脾气,我们会在心里想:"啧啧,一点小事而已,说清楚就可以了,干吗发这么大的火?"但是,如果小时候父母极其易怒,那么这些人的第一反应可能是:"如果我把事情搞砸了,妈妈肯定也是这样的反应。"类似这样,他们无法客观地判断情况。在一个人的幼年时期,母亲说出的所有话语都是金科玉律,不管受到的是怎样的训斥,孩子都会认为自己有错。这样长大的孩子,成长过程中会不断否定自己,他(她)的自我认知一定是扭曲的,看待世界的方式也是扭曲的。如此,长大成人以后,也无法客观看待事物,遇到问题总是习惯把错误归咎于自己。

如果孩子讨厌自己的父母，原因一定是父母让他们受到过某种伤害。情况越严重，证明孩子受到的伤害越频繁。父母很可能在某些方面持续不断地做出了令孩子伤心的行为，而且孩子无形中会认为，父母之所以对自己不好，一定是因为自己不争气。如此，孩子的自我认知便会出现问题。

给我来信、找我咨询的很多人都是如此，他们小时候受父母的影响，对自我的认知出现扭曲，在人生的阶梯上，不断受伤、坠落，甚至瘫坐在地上哭泣。因此，我在咨询的时候，最先做的就是询问他们的父母是怎样的人。

我多么想得到妈妈的爱，可是小时候妈妈不喜欢我。我想让她抱抱我，她却总是一把推开我，并且不耐烦地说："别碰我！"如果我被她骂哭了，她会说："我最讨厌听到你哭！"妈妈总说我这里不好那里不好。学习的过程中，如果我理解不了，她就会说："第一次看到像你这么笨的孩子。"她还会在别人面前数落我的缺点。可妈妈对哥哥很好，她说哥哥是个好孩子，而我是个自私的孩子。

现在，这位朋友已经长大了，她成了一个畏首畏尾的大人。生活中即使受了委屈她也不敢反驳，只能夹起尾巴做人。工作中只要出现问题，她都觉得是自己的错。有男朋友后，担心对方总有一天会提出分手，她一直无法敞开心扉。遇到公司里有人欺负自己，她完全不知道应该如何应对。

她的母亲性情非常乖僻。心情不好的时候，人的感觉尤其敏感，特别是对触觉敏感的人，这种时候很不喜欢与他人拥抱或发生肢体触碰，不是因为讨厌对方，而是因为不希望接受触觉的刺激，所以才推开对方。但不管出于何种原因，孩子被母亲拒绝后会很快放弃，并陷入绝望。虽然心里不愿意放弃，但是孩子不知道自己还能怎么做，只好安静地独自玩耍。孩子不敢对母亲发火，因为担心受到责骂。孩子独自消化着委屈的情绪，最后也可能会爆发。和这样的母亲生活在一起，是非常不安和痛苦的体验。

"和妈妈在一起的时候，我感到安全、快乐，跟别人在一起应该也是这样的吧。妈妈很爱我、对我好，我是有价值的存在。妈妈值得相信，所以这个世界也可以相信。"在与母亲的良好关系当中，孩子就是这样想的。母亲给出正确的回应，孩子才能性格稳定，成长为不惧怕人际关系，也不怕独处的人。相反，如果母亲对孩子发出的信号是厌烦，总是无视或拒绝孩子，孩子的成长过程便会缺乏安全感。上面提到的朋友无法正常地和上司或男朋友相处，原因便在于此。

我的父母总是吵架。爸爸失业后，妈妈先是离家出走，一个月以后又回来了。这期间我和弟弟只能去亲戚们家里住。妈妈回来以后每天只知道上网，如果谁和她说话，她动不动就会勃然大怒。只有指责我的时候，她才会和我说话。她差点抛弃了我们，可是她从没为此而道歉。我恨我的父母,但我一次也没有表露出来。他们在家里吵架,我装作不知道,装作不难过。在朋友们面前,我也装作自己是和睦家庭里长大的孩子,如果大家知道我的情况,肯定没人和我做朋友。

假装不难过,假装幸福,假装自己是被父母宠爱的孩子。上文的"我"戴着这样的面具生活,让人心疼。"我"的妈妈是个自私的人,而且情感迟钝。她缺乏表达自己感受,或共情他人感受的能力,在她眼里自己最重要。她希望得到周围人的理解,并且觉得自己才是最重要的,所以她没有向孩子道歉。和这样的妈妈在一起生活,"我"的情感发育也必然出现问题。

任何情况下都希望自己是父母最爱的人,这是孩子的本能。小时候妈妈离家出走,"我"会觉得妈妈不要自己了,更何况,妈妈是为了钱出走,"我"会觉得自己非常没用,还不如钱重要。"我"还会担心自己说不定什么时候再次被丢下。我们知道,伴侣犬被遗弃后通常会经受严重的精神创伤,更何况是人。孩子被父母遗弃,内心会留下巨大的精神创伤。有的人幼年时期在游乐场不小心和妈妈走散一小会儿,十几年后,当时的记忆依然会不时在脑海中浮现。

"我"之所以总想伪装自己,是因为妈妈曾经为了钱抛弃"我","我"害怕别人也会由于某种原因而背叛或离开我。"我"担心别人也和妈妈一样,所以一直无法展现真正的自己。"我"觉得,只有迎合他人,做出牺牲,才能得到他人的爱。但是,其实完全没有必要这样，毕竟"我"不像母亲那样贪心、自私，而是个懂得谦让的人。"我"和妈妈完全是两种不同的人，"我"性格内敛，懂得忍耐，幼年时期在如此艰难的环境中长大，但正直善良。妈妈从未看到过"我"的优点，但大多数人一定会喜欢真实的"我"。

从另一个角度来说，其实妈妈是爱"我"的。妈妈之所以在一个月后选择了回家，是因为内心仍在本能地爱着自己的孩子。她最初离家出走并不是为了丢掉孩子，而是因为无法承受丈夫的失业，所以选择了暂时离开。她弱小、无力，没有能力考虑孩子的去留，单纯为了保全自己而逃离。当然，如果当时她能告诉孩子们自己只是暂时离开，以后还会回来，至少孩子们会感到心安一些。总之，这个妈妈没有担得起孩子们的期待，但不能否认她爱自己的孩子。

我们既要知道父母对我们产生了怎样的影响，也要了解父母是怎样的人，为什么给我们带来这样的伤害。只有这样，才可能放下心中的包袱："啊，原来这是妈妈的问题，和我没有直接关系。"同时明白"我并不是一个糟糕到不值得被任何人爱的人。"这一切都不是"我"造成的。请记住，这是父母本身的问题。

退后一步吧，观察一下父母是怎样的人。父母不是"我"，"我"也不是父母。父母有问题，不代表"我"也有问题。

## 父母只记得自己的好，
## 而孩子只记得父母的不好？

一位年过三十的女性即将结婚，那天她终于鼓起勇气，向母亲诉说了自己小时候内心的委屈。在她的记忆中，小时候，哥哥因为学习好，几乎独得了家中的宠爱，而自己似乎从未得到过妈妈的关爱。女儿很想质问妈妈怎么能那样对待自己的孩子，但让她惊讶的是，母亲完全不记得女儿说的那些事情。当时母亲一口打断她说："怎么可能？"按照母亲的描述，母亲非常爱她，对待她和其他兄弟姐妹一视同仁。可是，女儿对此毫无印象，即使自己的记忆和母亲的记忆交叉的部分，也不像母亲所说的那样，是温馨的粉红色的回忆，而是毫无意义的灰色。女儿感到非常无力，哪怕到了现在，一想起那个时期还会心痛，但在母亲的记忆里这一切却丝毫没有留下印记。母亲则感到很委屈，因为不管她怎么回忆，都不记得自己说过那些话、做过那些事。

那么，母女两人的记忆为何会如此不同呢？其实，人的记忆本来就是非常主观的。即使是同一件事，每个人的记忆也不可能都一样。有研究人员通过相关实验证明了这一点。他们制造了一起打架事件，然后让十个人围观。实验中，从任何方向都可以看到同样的事件，但事件结束后，这十人讲述的内容却都不一样。之所以如此，是因为记忆既是一种认知功能，同时与人的情绪也有很大的关系。根据当事人当时的情绪状态，有些东西可以被记住，有些却不会被记忆。有些时候，人会选择性遗忘，如此，记忆便被埋进了无意识之中。有些时候，记忆还会发生扭曲和变形。

孩子不好好学习时，父母说："这样下去你能考上大学吗？"假如孩子听到这句话感到很伤自尊，记忆里这句话也许会变成"这个样子还上什么大学"。还有些时候，父母明明没有说过某些话，孩子却可能记得父母说过。如果父母动不动就对孩子说："啧啧，你到底能干什么？"日后，只要听到"啧啧"的声音，或者看到父母露出说这句话时的表情，孩子便会记起当时的事情。

来到野外的山上可以看到，人们踩得多的地方就会慢慢形成路。这些路越走越平坦，走在上面的人也越来越多。后面，路还会一点点继续变宽。大脑的神经回路也是如此，如果经常受到某种刺激，就会形成新的路径，且越来越畅通，好比打通了一条捷径，通过这条捷径，大脑可以快速分析信息。这既会带来好处，也会带来坏处。孩子之所以仅仅通过父母的表情就能记起让人难过的话，是因为在与父母的关系当中，存在一条不好的捷径。越是在年幼时期形成这一捷径，与父母的日常记忆不美好的可能性就越大。而越是不好的记忆，越能够顽强、深刻地扎根于内心。

这也会影响我们长大后与他人的关系，任何人只要提供一点通往那条捷径的线索，我们便会忽略其他信息，注意力全部放到这个线索上，继而产生不好的联想。比如，只因有人说了声"啧啧"，我们便勃然大怒，因为它让我们产生了和小时候受到伤害时同样的感觉。所以，孩子在与父母的关系中需要感受到被爱，这一主张不是从儿童教育的角度出发，而是从脑科学的角度得出的结论。只有和父母关系融洽，子女才能成长为拥有健康情绪的人。

当孩子挑战某件事情失败时，父母的反应可以分为两种。一种是——"现在你之所以尝到了失败的滋味，是因为你勇敢地进行了挑战。勇于挑战很重要。再试一次吧，从失败当中可以学到很多东西。"又或者是——"喂，又失败了？你说你到底会干什么？"比起前者，如果后者说得更多，子女便会习惯带着与后者相似的感觉待人接物，因为这一路径已经在相当程度上被拓宽、加固。

女儿满腹委屈，母亲却完全没有记忆，还有一个原因，那就是父母只记得自己说话和做事的初心。除去个别不正常的父母，大部分父母做事的出发点都是为了孩子好。父母总是只记得自己说话和做事的出发点，而不记得说话和行动的表达方式或结果，也正因如此，他们很难意识到问题所在。但是，比起父母的出发点，子女更容易强烈地记住其表达方式。在这一点上，双方的记忆自然会出现偏差。

孩子已经高三了，却偷懒不学习。有的父母会说："我知道你平时一直很努力。不过不知怎么回事，高三学生的妈妈们只要看到孩子不在书桌前面，就会感到不安。"还有的父母会说："高三了就应该更努力才是，现在是玩的时候吗？"两种态度完全不同，但意图是一样的，那就是希望孩子能专心致志，努力学习。但是，如果像后者那样说话，孩子会对父母的态度产生强烈的抵触情绪。但问题是，父母明明说的是后者，记忆里自己说的却是前者。如果父母每次都这样，孩子的心灵创伤就会逐步加深，甚至对父母产生怨恨。"为什么就不能相信我呢？"孩子的心里会埋下这一解不开的疙瘩，继而会对状况进行无意识的歪曲。在孩子的记忆中，父母的语气被严重夸大，父母最初的意图自然也不会被理解。

也许有些父母会说，就因为这个想不开吗？之所以会这样说，原因在于他们的出发点是好的，在他们看来自己的言行没有任何问题。但是，并非只要出发点好，一切言行就可以被原谅。如果出发点是好的，我们就要好言相劝，让对方感受到我们的心意。只有在合适的情况下进行有效的沟通，孩子才能感受到父母之爱的深沉。

最后我还要补充一点。如果向父母坦白了儿时伤心的回忆，父母却什么都不记得，那么当子女的该怎么办？不管如何反复言说，父母仍旧什么都想不起来，该怎么办？——那就不要再说了。因为，你们对话的核心并非是否有这样一段记忆。不管是真实发生过，还是孩子的记忆扭曲了真相，都不重要。孩子对着父母说出自己内心的想法，这才是真正关键所在。

在我看来，不管父母对以前的事情是否有印象，都应该告诉孩子："哎哟，是吗？对不起。虽然我不太记得了，但应该不是故意那样的，妈妈很爱你。但是，还是要向你说声对不起。"而不是说："我记得那句话，但后面说了什么我就不记得了。"如果只说自己不记得了，作为父母其实是很失败的，因为这样便很难通过语言消除双方之间的矛盾。尽管父母从内心是爱孩子的，但他们没有做好和子女真实对话的准备。但是，无论多么不善言辞，父母也应该努力开口尝试。因为，子女在父母面前讲述自己痛苦的目的，并不只是希望得到对方的道歉。

## 对孩子的爱越深，
## 越给孩子带来痛苦？

那些不懂得如何对待孩子的父母、给子女带来严重伤害的父母，其实并不是不爱自己的孩子。即使在伤害发生的瞬间，他们也在爱着自己的孩子。但是，为什么他们的爱会给孩子带来伤害呢？很遗憾，那只是属于他们自己的爱。就像"心盲症"（mind-blindness）患者存在认知误区一样，这些父母听不到孩子的心声，对孩子的爱越深，越给孩子带来痛苦。

一位母亲来信告诉我，她的女儿今年二十多岁了，是一个典型的宅女。女儿和家人也很少接触，只有家里没人的时候才会走出房间。还有，女儿尤其讨厌妈妈。这位母亲小的时候家里很穷，没能好好接受教育。为了给女儿开辟另一种人生，从小她就对女儿严加管控，督促女儿用功学习。只要发现女儿成绩稍有下降，轻则打骂，重则把女儿从家里赶出去。在她看来，督促孩子学习是父母的天职。可女儿却说妈妈从未相信过自己，因为妈妈,她已经失去了对生活的热情。

几乎所有的父母都爱子女。父母深深伤害了我们,不代表父母不爱我们,父母和子女之间的关系是一种本能的爱。前面提到的这位母亲也爱自己的女儿,所以才不希望女儿经历自己没能接受良好教育的遗憾。这一点是毫无疑问的。

很多父母为了子女的教育竭尽全力,甚至不惜牺牲自己的人生。他们为此投入了大量时间和精力,很多家庭勒紧腰带给孩子报各种辅导班,希望孩子能赢在起跑线上。但遗憾的是,这些家庭当中,有相当一部分孩子不认可父母的处事方式。他们觉得父母的安排对自己来说是一种折磨,因此对父母充满埋怨,一旦可以独立,便希望离开父母生活。在这种情况下,父母和子女双方都很委屈。

有时候,父母给予的爱和子女接受的爱是不同的。父母认为自己给予了爱,但子女却感觉自己受到了伤害。为什么会这样呢?父母不可能一直理解孩子,让孩子感到安心,有些时候,父母也会让孩子感到难过或委屈。但如果孩子坚信父母是爱自己的,即使出现一些小问题,双方关系也可以很快恢复如初。反之,如果缺乏这种信任,只要父母稍微让孩子失望,孩子便会愤怒,把父母看成攻击者。

上文那位女儿对妈妈的爱是缺乏足够信赖的。父母的爱一定要让孩子从心理上感受到满足,我们需要给予的是孩子本身希望得到的爱。假如女儿最希望听到"你这么聪明,将来一定会有出息的！"这类称赞，而父母却总是夸她"你长得好漂亮呀""这么会削水果，将来肯定能嫁个好人家"，女儿自然不会开心。

这是一位三十多岁女性的故事。小时候，她爸爸总是坐着渔船出海，一年当中她只有十天左右的时间可以见到爸爸。她非常想念爸爸，但真的见到他的时候，却会莫名感到有些尴尬。

大概是在五六年级的时候，一次放学回家的路上，她正顺着长长的田埂缓缓走着，远远地，突然看到爸爸正向这边走来。她非常高兴，瞬间却停下了脚步。她感到一阵惊慌，脑子里一片空白。她不知道该喊一声"爸爸！"还是说"爸爸，您过得好吗？"还是"爸，您回来啦？"她慢慢走着，一边这样思考着。

爸爸越走越近，突然他弯下腰，好像在捡什么东西。难道他弄丢了什么重要的东西？见爸爸一直弯着腰，她开始有些担心。庆幸的是，过了一会儿爸爸直起腰来，大步流星地向她走了过来，最后站在了她的面前。

令她没有想到的是，爸爸手里拿着一束野花！怪不得刚才他一直弯着腰，原来是在摘花。爸爸把摘来的野花做成了花束，她高兴得几乎要流出眼泪。爸爸看到她的表情，露出了慈爱的笑容，叫了声她的名字，把花束递给了她。她不由自主地大声说道："爸爸，我好想您啊！"一边说着，一边扑进了爸爸的怀里，手里紧紧握着那束花。淡淡的花香扑鼻而来，她久久地沉浸在幸福之中。

她的人生中经历过几次非常痛苦的瞬间。她也曾想过,人活着有什么意义?如果死了,所有的痛苦就都会结束了吧。每当这样的时刻,使自己重新燃起对生活的信念的,就是那些野花的香气。只要想起那种香气,她便感觉自己又回到了那一天,那个花束似乎还陪在自己身边。这时她就会想:"那时的我真的好幸福!"继而从人生的痛苦中解脱出来。虽然她和爸爸相处的时间并不多,但毕竟拥有过一次难忘的幸福经历,每当感到痛苦的时候,这些幸福的记忆就会成为支撑她的力量。

这就是通常所说的"心灵的满足"。当孩子发出"啊,还是爸爸妈妈懂我!"的感叹,内心也被一种无形的温暖所占满,这就是"心灵的满足"。虽然无法测定数值,但就像水桶里的水一样,孩子的心里也是满满当当的爱。孩子会情不自禁地这样想:"啊,我好幸福!""啊,我是有人爱的!"

要想让孩子体会到"心灵的满足",父母应该好好观察孩子,也好好观察自己,给予孩子希望得到的爱。如果父母让孩子体会到"心灵的满足",孩子就会感到非常幸福,这种记忆会持续一生。得益于这些记忆,孩子就能有力量去承受痛苦。因此,让孩子心理放松,时常感受到幸福,这才是最重要的。

每次看到那些缺爱的孩子,以及不认为自己有任何问题、满腹委屈的父母,我都感到非常难过。有的父母对待孩子,就如同对待一件宝贵的瓷器。看,这个瓷器是我的,它只属于我。

我把它擦了又擦，直到它浑身一尘不染，闪闪发亮。我绝对不允许任何人碰它，谁要是在上面留下一个指印，我也会大发雷霆。我精心保管着这个瓷器，每天留意着温度和湿度，我感到自己很幸福。看着眼前这个闪闪发光的瓷器，我心里想，瓷器应该也会喜欢这样。我思考着，我还能为瓷器做些什么呢？我觉得，只要我不断努力，瓷器也一定会感到幸福。

可是，孩子不是瓷器，而是有生命的主体。对待孩子的时候，不能总是想着"我想要什么"，而是要多考虑"孩子想要什么"，"我对孩子说的话和做的事，会给孩子带来怎样的影响"。

孩子爬到了危险的地方，脚稍微踩空，就有可能会掉下来。这时妈妈大惊失色，大吼一声："你给我过来！"孩子被吓了一跳，赶紧来到妈妈身边，妈妈怒不可遏地打了一下孩子的后脑勺。妈妈心里想的肯定是："因为我爱你，所以我不想让你有任何危险。"其实她完全可以大声说一句"危险！"，然后赶紧把孩子从危险的地方抱下来。但这位妈妈的做法是大吼一声，还打了孩子，这样，孩子就不认为妈妈救了自己，而是会带着无比恐惧的记忆记住那一刻。

如果问妈妈为什么如此生气，她一定会说："当时的情况很危险，万一孩子摔坏了怎么办？"这是她的肺腑之言。可问题是，孩子并不觉得这是爱。我毫不怀疑，如果孩子身处危险，这位妈妈会不惜牺牲自己的生命也要救出孩子，这就是母爱的伟大。但真相是，迷失在爱的中心，人往往会不知道自己在做什么。

正因如此，很多父母经常在孩子面前失态。

韩国很多人都看过《请我吃饭的漂亮姐姐》这部电视剧，剧中主人公尹珍雅的母亲便是我们身边那种典型的伤害了子女而不自知的父母。她固执、急躁、无理，完全不考虑他人感受，一边说着如何爱孩子，一边干涉子女的人生，完全没有意识到这会让孩子变得多么不幸。

是的，他们给了孩子生命，爱孩子胜过爱自己。但正因为这份爱太过深沉，所以会蒙蔽双眼，以至于自己都不知道自己在做什么。

没有父母会觉得"孩子好应付，不用为他们花费什么心思"，相反，正是因为太爱孩子，所以有时适得其反。也正因此，他们更加难以反省。是的，爱太深，人便容易无法反省自身。父母觉得自己对子女的爱是无法测量的大爱，就算对待子女的方式是错误的，但比起自我反省，他们想到最多的往往还是自己如何爱孩子。所以，在需要做出反省的时候，他们总是说："我还不是为了你好？我为了你牺牲了那么多！"如此一来就更难反思自己了。

很多父母问我："我应该为孩子做些什么呢？"父母总是想为孩子做些什么，这无疑也是一种爱。但我经常对他们说的是："为孩子做什么很重要，有些东西一定要做到，但也有一些一定要避免。错误的做法对孩子是有害的，比起'应该做什么'，了解'不应该做什么'更重要。"

并不是所有的孩子都愿意接受父母单方面想给予他们的那种爱。比起"我能为孩子做些什么",希望父母们多多思考"孩子最希望我怎么做""孩子最希望听到我说什么"。

# PART ❷ 我是谁?

你没有错,
那时的你太小了

## 你不是讨厌父母，而是讨厌自己

对子女而言，父母是一个令自己矛盾的存在。有时明明讨厌父母，却仍然希望得到父母的爱。正因如此，明明很痛苦，还是会忍不住想靠近父母。当这种忍耐达到极限，子女也会选择彻底疏远父母。

一般来说，大部分孩子都会为了得到父母的关爱而主动靠近父母。但是，父母往往无法改变对待孩子的方式。因为他们不了解自己，自然无力改变当前的模式。父母都认为自己是爱孩子的。就算孩子哭着说自己感受不到爱，受到的只有伤害，父母心痛之余，却会继续当前的模式。孩子一次，两次，三次……反复靠近父母，最后遍体鳞伤，终于死心。但是死心并未让他们变得轻松，他们仍会感到痛苦。和其他人的感情淡了，只要结束这段关系就可以重获平静。但是父母和子女不一样：父母和子女之间，即使感情变淡，内心也不可能获得安宁。

你是否有过这样的想法——如果我更优秀一些，如果我是更好的孩子，我的父母会不会和现在不一样？如此敏感而孤僻的我，连自己都不喜欢自己，父母怎么可能爱我呢？可就算这样想，你还是会怨恨父母不爱自己。其实，在怨恨父母的表象之下，隐藏着一种更为强烈的情感，那便是对自己的厌恶。

但是，你所讨厌的自己的样子，很可能不是真正的你。由于父母带来的负面影响，你的自我认知是扭曲的，对他人的认知是扭曲的，对世界的看法也是扭曲的。

现在的你看起来糟糕透了，这一切都是父母的错吗？当然不是。人际关系通常是双向的，父母和子女的关系也不例外。冷静地想一下，父母也是人，而所有的人都存在一种本能，比如生气的时候想大喊大叫，甚至想打人，有时会非常讨厌自己的孩子，甚至想抛开一切一走了之。如果父母只为本能所驱使，孩子便很容易受到来自父母的伤害。但是，也有一些孩子可以在这样的父母膝下很好地成长。

我认为，在父母和子女的问题上，无论哪一方的问题更严重，即使孩子的问题更大，父母也应该首先做出改变。毕竟，父母会对孩子的一生产生决定性的影响。

至少有二十年的时间，父母和孩子会生活在同一个空间里面。假如孩子和父母的关系很好，孩子便可以从父母那里受到很多好的影响，这二十年的时间里，孩子在家中会过得非常幸福、舒适；反之，如果孩子和父母的关系不好，父母只能给孩子带来不好的影响，那么这二十年的时间里，家对于孩子来说无异于地狱。生活在同一个空间如此之久,不受到任何刺激是不可能的。因为孩子无法避开父母。朋友和我们处得不好,大不了不和他们见面;补习班老师总让自己感到不舒服,以后不去那个补习班就行了;小区的大妈看到我就说三道四,那就绕路走,避开她。可是,无论父母如何,我们都无法彻底断开和他们的联系,起码在特定的一段时间里无法和他们分开。

父母和孩子的关系并不对等。父母手握孩子生存所需要的所有关键钥匙,因此孩子很难抗拒或拒绝父母,只能完全依赖父母。父母给予的一切都被冠以"爱"之名,由于这一点过于绝对,即使父母给的是负面的东西,孩子也很难拒绝。虽然孩子感到痛苦和压力,但由于它包裹着"爱"的包装纸,孩子也无法表达痛苦,反而会质疑自己怎么会有这种想法——连父母的爱都要怀疑,自己是不是个坏孩子?

另外,父母和子女关系的基本前提是,父母要保护、照顾和帮助自己的孩子,这是历来如此、天经地义的事情,孩子也相信父母是这样的。父母不需要下定决心"我要对孩子好",就会自然而然地这样去做。但是,如果没有得到本应得到的关爱,孩子就会受到巨大伤害。父母对孩子的爱,孩子应该无须费力争取,就能自然而然获得。如果孩子没有从父母那里得到应有的保护、照顾和帮助,就很容易缺失一个人所应该拥有的尊严、高贵和被尊重的感受。

一次,诊疗室来了一位年轻妈妈,她说自己在生养孩子的过程中，内心变得非常痛苦。她表示，越是养育孩子，越不能理解自己的母亲。生下孩子后她发现，孩子是那么可爱，光是看着孩子都会感到心中的母爱无法抑制。但是，她自己的母亲对她却并非如此。"对子女的爱是这样一种本能，可为何母亲在养育我的过程中，却完全不是这样的？"她被这个问题折磨得很痛苦。但在接受治疗的过程中，她偶然得知母亲不是自己的亲生母亲，原来在她很小的时候父母便离婚了。她说知道这件事以后，心里便渐渐平静下来。

请读者不要误会。这些年再婚家庭很多，很多继母确实可以像亲生母亲一样对待子女。我想通过上述事例说明的，并不是亲生母亲好还是继母好。我只是想说，父母和子女关系的基本前提是给予无条件的、忘我的、本能的爱。如果其中某一环有所缺失，人的一生将会经历无法想象的混乱。那位年轻的妈妈在得知自己的母亲是继母的瞬间，产生了"这样也正常"的想法。继母结婚后就要照顾别人的孩子，家里经济上也很困难，有时候讨厌孩子也是可以理解的吧！最重要的是，她明白了"原来自己并不是不值得珍重的很差劲的存在"，由此恢复了自尊心，并找回了内心的平静。

当父母心烦意乱，无法让孩子感受到爱意时，孩子所感受到的痛苦和困惑是无法用语言来表达的。是的，让你难过的原因当中，相当一部分来自父母。虽然日后回想起当时的情景，也许你会想："我当时怎么会那样呢？"也许你会感到后悔。但是，这是长大后才可以做到的。从父母那里受到委屈和持续伤害的孩子，根本不知该如何应对，即使知道，也无力对抗。他们不懂得该如何处理这种感觉，也不知道该如何保护自己，包括那些自认为已经不是小孩子的高中生也是一样。对于年幼的我们来说，那是没有办法的事情。因此，请不要对自己说"虽然以前妈妈也有不对的地方，但如果我做得更好，就不会被骂了"。

## 为什么再小的事情，
## 我也难以做出决定？

男孩两岁了，最近妈妈正在训练他戒掉尿不湿。晚上睡觉之前，妈妈会给他读绘本，读完绘本，再让他去卫生间小便一次。可是今天，孩子找着各种借口，就是不想去卫生间。妈妈把孩子拖到卫生间门口，孩子大哭起来，说自己胳膊疼，腿也疼。妈妈哄着孩子，孩子仍然带着哭腔发脾气。妈妈终于筋疲力尽，她越来越生气，最后怒气冲冲地命令道："把棍子拿过来！"孩子在棍棒的教育下终于屈服，小便后哭着睡着了。

看着孩子抽噎的样子，妈妈不觉叹了口气。听人说，这个阶段要想让孩子学会独立大小便，一定要让孩子养成每晚睡觉前去卫生间小便的习惯。但是看得出来，孩子今天非常累，也非常困。妈妈很想抱起孩子，替他把裤子拉下来，小便后再把他抱到床上，让他好好睡觉，可是这样做总觉得哪里不太对劲。妈妈看着孩子，内心陷入深深的矛盾。她很想对不停抽泣的孩子说:"你很困,不想去卫生间对吗?不过最后你还是去了,妈妈为你感到自豪。"但她只是在心里这样想,嘴上却说不出来。她非常讨厌这样的自己。

在平时,即使是很小的决定,她也很难听从自己的心意。不仅在育儿方面如此,在人际关系方面也是一样,她很难与他人建立亲密关系。每当别人有事拜托她,她总是不懂得如何拒绝,在需要做出某种选择的时候,也总是为情形所迫,最终做出与内心不同的选择。与人意见不同或产生矛盾时,十有八九她会首先低头,屈从他人的意志。

她的母亲为人严厉,而且非常情绪化。她从小就因为成绩经常被母亲批评,有时还会挨打,而且不分场合。只要稍不称心,母亲就会大发雷霆,不是打她就是乱扔东西。钢琴弹得不好会挨打,考试考不好也会挨打,在学校做错事被老师打电话通知了更要挨打。母亲从来不会问她怎么回事,有的只是无尽的责骂。只要听到母亲的脚步声,或者母亲一靠近,她就会不由自主地紧张害怕。

自尊心的基础是在与父母的关系中建立起来的。真正的自尊,是即使受到来自外界的苛刻评价和敏感刺激,遇到压力、伤害、背叛、挫折,也不会轻易被动摇。假如一个人的内心始终存在无法克服的障碍,那一定和小时候对自己很重要的人有直接关系。与此人的记忆一再被强化,在内心扎根生长,对之后的生活也会持续带来不好的影响。

母亲历来奉行的都是只看结果的教育理念,在这样的养育方式中长大的孩子，往往认识不到中间过程的重要性，而且不明白，通过改变过程是可以改变结果的。如果有人误会了我们，我们应该告诉对方真相，如此才可能改变结果。如果我们与人发生了矛盾，就要互相听取意见，努力调整方法、解决问题。虽然这一过程会很麻烦，可能会让人感受不佳，但这是必须经历的过程，只有经历这一过程，才能得到双方都满意的结果。但是，如果父母只重视结果，当外界对孩子做出错误的评价时，孩子的第一反应便是接受对方的意见。他（她）缺乏通过中间过程来纠正或改变外界评价的意识，甚至会想："就算我说了，又有什么用呢？"

　　孩子需要通过依恋关系的对象来积累自信，但在只看结果的养育方式中，这是很难实现的。因为父母很少会说"我知道你很努力，这次只是暂时失利，没关系"或"你也是想把事情做好，你是对的"。每个孩子都应该听着这样的话长大，这样，当他们遭遇挫折时才会想，"这次虽然做得不够好，但是我仍然是个不错的孩子"，以及"我能做到这个程度已经很棒了"。父母一定要告诉孩子，比起结果，过程更重要，这样孩子才能拥有自信。

　　当我们对自己信心不足，即使很小的决定也总是回避自己的心意时，就一定要告诉自己，"我只是个普通人"，"总体上我还是可以的"。我们中的大部分人都是再常见不过的普通人，这是毋庸置疑的。要记得自己并不是一个奇怪的人，也不是无药可救的人，自己说的话和做的事都非常普通，也非常普遍。心里是怎样想的，完全可以按此去做，只要是自己的心声，便是对的。

训练孩子如厕的妈妈也一样。既然今天情况特殊，把孩子抱到马桶上又有何不可呢？虽说保持原则的一贯性很重要，但不必雷打不动，灵活一些也未尝不可。孩子的如厕练习是一个长期的过程，也许今天可以学到比排便更重要的东西，妈妈对此稍作调整，完全没有问题。

另外，如果彼此意见不同，最好说出自己的看法，因为人在真诚的时候最容易沟通。我们的内心既有喜悦，也有悲伤和愤怒。表达的时候不能歇斯底里或者人身攻击，只要心平气和地表达即可。坦率说出自己内心的想法，这是最好的方法。如果我们小心并真诚地表达了自己的意见，但对方怏怏不乐，那是他们的问题，我们无须对此抱有顾虑。

成功的结果并非最重要的东西。无论什么事情，无论何种人际关系，经历过怎样的过程都很重要。即使最终的结果在他人看来稍微差一些，那又怎样呢？通过解决问题的过程，我们可以得到更多的收获。我们不是生活在结果之中，而是在过程中思考、选择、说话、行动，以及感受自己。

## 对方得寸进尺，
## 为何我还要一直忍耐？

有一种人非常善良，为了家中的和平，不管遭遇多么不合理的状况，都会无条件选择忍耐。"这样已经是万幸了，应该心存感激才对。"他们凡事都劝自己往好的方面想，但问题是，尽管他们已经如此宽容，情况却不见好转。自己委曲求全，身边的人和自己却都没有变得幸福，这是为什么呢？

有一封来信是这样说的：

> 小时候爸爸赚不到钱，妈妈必须出门工作。可爸爸动辄打妈妈，说她"赚了点钱就瞧不起自己的丈夫了"。我永远都忘不了，妈妈让我们坐下来，对我们说她不想活了，还说："都是因为你们，我才不能死，只能这么将就着。"
>
> 我很想好好生活，和丈夫甜甜蜜蜜的，跟孩子们和和美美的，可婚后发现丈夫赌博成性。他辞掉了工作，日日沉迷

于赌博，就这样，十五年的时间过去了，我只能自己赚钱养家。不管对孩子们还是对我来说，那都是一段非常痛苦的时间。庆幸的是，几年前丈夫戒掉了赌博，我很感激，可孩子们对爸爸还是意见很大。丈夫的爱好实在太多了，每天他都要踢足球、打保龄球、打台球等，还参与赌球。他告诉孩子们，说"我能戒掉赌瘾已经很不容易了，你们应该感谢爸爸有这样的变化"，可孩子们都不以为然。怎样才能让丈夫和孩子们的关系好一些呢？

如果在是非不分、道义不明的环境中长大，孩子遇到危急状况会很容易慌了心神，不知道应该坚持怎样的价值观和标准。母亲努力工作来维持家中生计，可父亲不但不懂得感恩，反而对母亲非打即骂，这会让孩子们感到错乱，也就是俗称的不知道该跟谁站一队。在具有攻击性的主体和具备经济能力的主体不是同一人的情况下，这种错乱会更加严重。

而且，母亲还对孩子们说："都是因为你们，我才不能死，只能这么将就着。"父母绝对不能对孩子说这样的话。事实上母亲痛苦的根源是夫妻间的矛盾，而不是孩子们。对孩子们来说，比起父母的无能和暴力，这句话会产生更为恶劣的影响。每个孩子都希望自己是妈妈最珍爱的宝贝，可在母亲的口中，自己竟成了母亲人生的绊脚石。孩子们会觉得自己不应该存在。

那么，母亲为什么要一直忍受这个糟糕的男人呢？身边的人看到她的牺牲和忍耐，都在交口称赞，她一定将这些认可和称赞当成了人生的养料，靠它们的支撑度过了无数艰难的时刻。但是，她不能继续这样生活下去了。忍受着糟糕的生活以得到他人的认可，在为家人收拾烂摊子的过程中感受到自己存在的必要，如此内心才能变得平静——这种想法是非常可悲的。我们每个人都是这个世界上必不可少的人，没有必要费力通过他人的称赞来获得认可，我们内心那些没有愈合的伤口，也不要寄希望于用他人的认可和称赞来缝合。

过度沉迷于体育运动，并参与赌球，这已经不是简单的兴趣爱好，而是变相的赌博。赌博是当事人自己的问题，家人很难阻止这一行为。生活中不乏这样的例子，为了阻止某位家庭成员赌博，一家人闹得鸡犬不宁。这种时候，与其给丈夫划定界限，不如在自己的心里划定界线，制定自己的标准——"如果你再赌博，我就不会再和你一起生活。打保龄球可以，但如果赌球金额过大，是绝对不可以的"。问题的根源是丈夫的赌博，而不是出在"我"身上，"我"应该制定一个能让自己的家庭幸福的正确标准，并向丈夫明确提出。如果对方不配合，可以在这一标准的基础上继续增加一些细节条件，这样，情况才会有转机，丈夫也会对"我"有畏惧感。

此外，还应该告诉孩子们什么是正确的标准。如果对孩子们说，"你们不能这样对爸爸"，或者"你们知道爸爸有多么重视你们吗"这类话，孩子们势必陷入怀疑和无力感之中。这样做只会让孩子们沿袭自己小时候的无意识——为了不被父母抛弃而过度忍耐，努力讨好、迎合父母。如果父母的做法不对，一定要告诉孩子这是错误的，这不是揭丈夫的短。父母需要看到孩子的愤怒和不满。上文中的妈妈应该说的是："我能理解你们对爸爸感到生气的心情，妈妈也觉得爸爸以后不能再这样了。"而不是"爸爸已经变得比以前好多了"。后者表面上看似乐观，但本质上是恐惧。是妈妈害怕倒退到更加糟糕的状态，因此不敢正视事情的本质。

我们每个人都有很多角色，比如父母、子女、配偶、朋友、同事、公民等。不是只有顺从地扮演好这些角色，我们的存在才能得到认可，比这些角色更重要的是"我"本身。需要首先认识到的是，我们自己很珍贵，我们不是只有在扮演某个角色的过程中才会被认可的那种渺小的存在。

## 只要是父母想让我做的事，
## 我都不想做

小的时候，只要我成绩好，妈妈、爸爸、学校的老师对我的态度就会发生变化。我是那种比较冷漠的孩子，就连最好的朋友的烦恼我也懒得听，但我在学校毕竟是优等生，大人们对我都很亲切。直到现在我也无法忘记，自己考得好的时候爸爸那种心满意足的表情。可上高中以后，我的成绩开始下滑。在学校老师不再重视我，在家里，父母几乎一天二十四小时都在催我学习。渐渐地，我失去了对学习的欲望，后来因为抑郁症退学了。那段时间，父母比我更抑郁，他们不明白我为什么会抑郁，为什么难过。后来我的情况稍微好转一些了，爸爸再次提起了学习的事情，我就开始自残。

在我的父母看来，我的梦想、交友似乎都不重要。他们也没有教给我一个人该做什么和不该做什么。只要我学习不好，就会受到语言暴力的攻击，只有学习好我才能活下去。父母希望我读名牌大学，将来找到好工作，然后结婚生子，可我不想按照父母的意愿生活，我不想遂他们的愿。我不想学习，不想就业，不想结婚，也不想生小孩。一想到这些，我就会感到无比疲惫和悲伤。

有些父母觉得，只要拿到好大学的毕业证，找一家大公司上班，子女就算成才，人生就会幸福。在这种教育理念支配的家庭中，孩子获得尊重的唯一方法只有努力学习。但是，差不多在小学三年级以后，要想在学习上得到称赞会变得越来越难。婴幼儿时期，只要孩子稍微表现得好一点，就可以听到大人的夸奖，"哎哟，宝宝好棒，你还会这个呀！"但是小学三年级开始，学习难度会逐渐加大，家长不可能只表扬孩子，还会纠正孩子的错误，指导他们的学习。父母和子女从小只通过学习进行互动，这是非常危险的，其弊端不容小觑。孩子不是因为能从学习中体会到乐趣才学习，而是因为父母对此给予了正面刺激。只有在学习的时候，孩子才感觉自己是被爱的，因此才拼命学习。假如父母只通过学习与孩子互动，小学三年级以后，父母和子女建立积极关系的途径便会消失，简言之，剩下的时间孩子只有挨骂的份了。

如此看来，"我"已经苦撑良久。到初中为止，一切还算顺利，但进入高中后，成绩很不理想，人生的根基也随之发生动摇。成绩一落千丈之后，就连存在的根基也被连根拔起，这种情况下当然会感到不安，抑郁也是必然的。从小就被灌输钱是最重要的东西的人，没有钱的时候甚至会寻死；相貌出众的人，最无法忍受的就是自己变老、变丑。因为除此之外，他们没有可以支撑自己活下去的信念。

如果一个人从未因为自己本身受到认可，将很难与他人建立亲密关系。因为他（她）不相信别人会无条件地爱自己、理解自己、接纳自己，所以在他人面前，就会畏首畏尾，不能展现真正的自我。由于很难建立关系，所以总是想逃避。因为孤独而再次靠近时，中途又会因为担心受到攻击而再次选择逃跑，如此形成恶性循环。结果便是，这个人很难和任何人接近，也很难和任何人变得亲近，即使有时希望和某人拉近距离，也会不由自主地想："对方真的可以接纳我的一切吗？如果对方离开我怎么办？"由于这种恐惧，这些人从表面上看起来总是很冷淡，有时他们甚至不惜主动破坏掉和对方的关系。上文中的"我"觉得自己很冷漠，原因便在于此。

但是，说自己冷酷无情的人至少是具有问题意识、懂得认真审视自己的人。他们明白自己的问题，也希望得到成长，这是一个非常重要的信号。另外看得出来，上文中的主人公在讲述自己故事的同时，可以很好地跟随自己的情感。这类人是会读心的。这也意味着，他们具备解读他人感情，并与之产生共情的基本能力。幸运的是，情感的能力是在后天形成的，只要很好地利用先天的优点，就可以让情绪逐渐得到发展。

子女不是只有成功了才有资格获得父母的认可，不是只有听话、学习好、考进好大学才配得到父母的喜爱。父母对子女的爱应该是无条件的、完整的、真实的。即使孩子不听话，学习不好，父母也应该认可和爱护自己的孩子。当然，并非只有孩子是这样的存在，人本身就是如此。我们认可和尊重别人，并不是因为对方的地位、学历、经济基础，而是因为人本身就是有价值的存在，我们尊重每一个人。

如果你认为自己冷漠、自私，不要逃避，试着面对真实的自己吧。面对去掉所有条件的"我"、不加任何修饰的"我"、赤裸裸的"我"。不管什么样子，请承认这就是自己，这就是"我"。看到自己不完美的样子，也许会感到痛苦，但是，认识自己的过程就是这样的。慢慢了解自己吧，等到伤口愈合之后，你一定会迎来激动的瞬间。你还会发现，在连自己都不知道的冰冷外表下面，隐藏着一些从未展现过的温情的角落。只有认识自己，承认自己，才能感受到内心的安定与平和。

## 为什么我总是
## 遇到"渣男"?

有这样一些人,他们不但没有遇到好的父母,也没有遇到好的配偶,因此一直生活在痛苦之中。"我到底犯了什么罪,才会生活得如此艰难?为什么我遇到的人都是坏人呢?"他们这样叹息着。

心理学中有一个概念叫"强迫性重复"(Repetition Compulsion),指的是为了治愈儿时所受的心理创伤,弥补曾经的遗憾,人会不断重复相同模式的错误,尤其是在人际关系中。比如某人下定决心要远离像自己父亲一样的人,最终却与和父亲相似的人交往或结婚。如果不认清内心的核心矛盾,理解由此产生的错误,人很容易不止一次地犯相同的错误。

第一个案例的女性,刚出生就被妈妈抛弃了。妈妈离家出走后,爸爸也不管她。小时候她和爷爷奶奶一起生活,受过不少虐待,几乎每天都会挨打,甚至被赶出过家门。最后她又回到了爸爸身边,但是受到的仍然只有虐待,而且比和爷爷奶奶一起生活的时候更严重。她离开家,到处流浪,长大后为了开启新的人生,她仓促嫁了人,可丈夫对她家暴,婆家人对她也极为刻薄。她想,如果自己表现得更好一些,丈夫和婆家人应该会有所改变吧。但事实证明,她的日子越来越艰辛了。

第二个案例的女性,很小的时候父母便离婚了,她从小在亲戚家长大。亲戚一家偏爱自己的孩子,人前假装对她好,人后便把她当成透明人。她希望长大以后找一个好丈夫,得到丈夫的疼爱,恋爱不久就结婚了。婚后她发现丈夫有暴力倾向,这不是她期待拥有的家庭,当时他们已经有一个女儿,但她还是离婚了。很快她再婚了,这次遇到的是一个重感情、温暖的男人,可婚后丈夫对她和前夫的女儿很差,只对他们两人后来生下的儿子好。每当看到丈夫,她总是想起自己不幸的童年,心中无限酸楚。她又想离婚了,但这一次她没有勇气。

第三个案例的女性,父亲有外遇,母亲频频酗酒。父亲和母亲先是分开,后又打着为了孩子们好的旗号和好,如此反复几次,最终父亲离家出走,母亲因酒精中毒去世。虽然她还有一个哥哥,但他们的关系并不好。她太孤单了,这时她爱上了一个男人,交往一个月便结婚了。女人梦想拥有一个平凡的家庭,希望自己的家能充满爱和理解,希望自己能变得幸福,但是丈夫完全不顾家,眼里只有自己的父母和狐朋狗友。

一定要和自己所爱的人结婚。比起其他条件,爱情才应该是最先被考虑的。因为对方对"我"很好、因为"我"想从家里独立出来、因为"我"想尽快组建家庭、因为"我"没有信心独自抚养孩子，所以"我"要结婚……这些想法都是错误的。如果这样做，在我们与配偶的关系中，"力量的平衡"就会被打破，而这将成为一切麻烦的根源。要想维持平稳的婚姻生活，夫妻双方都应该谨言慎行。比如尽量不说对方不喜欢的话，尽量不做对方讨厌的事，懂得尊重对方的感受。有一些人本质虽不坏，但一旦结婚以后就"原形毕露"。当然，他们的本意并非要破坏自己的婚姻，只是不愿意再努力守护自己和另一半的感情，其中很大一部分原因便是，另一半忍耐的下限越来越低。

极度害怕被抛弃和遭到拒绝的人，几乎会把所有的精力都用在努力不被抛弃上。明明是该说的话，却说不出口；明明是理所当然的权利，却不敢主张；明明心里感到不快，却不敢表露出来。但遗憾的是，我们越是这样，对方越不会尊重我们。这就是人性。

经历过被非常亲近的对象抛弃和拒绝的人，只要别人稍微对自己好一点，便很容易误以为这是爱。他们无法分清什么是亲切，什么是爱情，而且，他们会觉得对方和自己不是成年人和成年人的关系，而是保护者和被保护者的关系。婚姻是成年人与成年人之间的关系，可在他们眼里，另一半是自己的监护人。为什么会这样呢？这是因为，他们过于渴望完全的接纳，所以迫切需要能够填补这一缺口的爱情。恰如久旱逢甘霖，所有的生命体都本能地张大了嘴，根本来不及看清雨水的样子。"他好像很爱我，应该可以充当我的配偶、保护者和父母的角色，他可以弥补我的缺憾。"由于期待过高，当事人无法客观看待两人之间的关系，很多看法自然会蒙上过度主观的色彩，其中还有很多幻想。紧接着，他们又会开始担心自己再次被抛弃。

那么，怎样才能切断强迫性重复呢？答案是，我们必须知道人生中和我们关系最复杂的人是谁，然后看懂自己对他（她）的感情。在对父母的愤怒、怨恨、抱歉、悲伤、怜悯的情绪中，当时我感受到的是什么？我被什么伤害了？我是怎样的人？今后与他人相处时应该注意什么？弄清楚这些，才能避免今后犯同样的错误。假如在根本不了解自己的情况下，一味地幻想从别人身上寻找幸福，那么期待必然会受挫。别人只要对我们好一点，我们就会对其产生幻想，如果对方无法满足我们的期待，我们又会再次陷入绝望。

关于家暴，我想说的是，家庭中的一方对力量相差悬殊的另一方施加肢体暴力的行为，哪怕只发生一次，也不能就这么算了。不要用"只有过这一次，当时他只是太生气了"这样的理由来将对方的行为合理化。约会暴力也是一样，只要发生过一次，就会有第二次，甚至十次、百次。有正常自控能力的人在任何情况下都不会使用暴力。如果希望再给配偶一次机会，应该开诚布公，通过对话，让对方明白这是涉及底线的严重问题，然后慎重地重新审视两人之间的关系。

对我们行使暴力或施加折磨的家庭，无论何时离开都是正确的选择。不要期待总有一天情况会发生变化。如果丈夫拒绝做出改变，婆家也不配合，一定要无条件离开他们。就算丈夫不打算放手，也要坚持到底。也许你会觉得，为了孩子，还是有一个完整的家庭比较好，但是，这样的家庭事实上毫无维持的必要。

我很清楚，这确实是非常困难的决定。现实当中的状况绝不像我笔下的几行字这样简单。带着孩子离开，今后如何生存？这些都是很现实的问题。还有，假如你居无定所，还在气头上的丈夫找到你再次施暴，也将是非常危险的事情。这样你又会想："假如我再忍耐一下，假如我退后一步，是不是会好很多？"正因为我知道这是不容易做到的事情，所以我不希望正在读这篇文章的你因为没有离开而自责，说"唉，我真的太傻了"。希望你不要陷入自我攻击。

尽管如此，我还是不得不说，为了保护自己，不要和用暴力对待你的配偶一起生活。这不仅仅关乎你，也关乎孩子。孩子看到爸爸打妈妈，除了对爸爸感到愤怒，也对妈妈感到怜悯。除此以外，孩子还会下意识地认为妈妈是软弱可欺的存在，内心对妈妈产生轻视。妈妈的话渐渐成为孩子的耳旁风，爸爸的话却带有威严，他们不得不听，但并非真心信服。另外，目睹妈妈挨打的孩子，其痛苦不亚于妈妈，如果放任不管，孩子长大后也很有可能成为缺乏自尊感的人。非正常的成长环境以及由此带来的不安，会给孩子的内心留下严重的阴影。正因如此，我很清楚带着孩子离开丈夫是一件多么困难的事情，但我能给出的建议只能如此。

再婚后，假如丈夫只偏爱自己的亲生孩子，你应该明确向他提出，这是不对的，你无法接受这样的行为。歧视孩子的做法无异于情绪上的虐待，要态度冷静地和他沟通，不要哀求或情绪激动。与此同时，要努力摆脱担心对方向自己提出离婚的恐惧。甚至，我们应该态度强硬地告诉对方，如果不改变当前的做法，自己会考虑离婚。我并非在诱导女性朋友威胁自己的丈夫，我的主张是，寻求和丈夫之间力量的内在平衡。如果始终深陷被对方抛弃的恐惧而不敢纠正关系中存在的问题，被抛弃的可能性会更大。

假如你的态度强硬，丈夫有可能试图通过武力压制你。但是，当孩子看到妈妈勇敢地为自己发声，他（她）会相信妈妈才是自己真正的监护人。如果你始终缺乏勇气，也可以考虑向心理专家咨询，培养内心的力量。请告诉孩子："爸爸的做法是错误的，妈妈对此非常清楚，妈妈会让他停止这一做法。请相信妈妈。"如果妈妈待在孩子身边却不能保护孩子，孩子会更受伤。妈妈完全无法保护孩子，这会让孩子既悲伤又害怕。

有一位四十多岁的男子，从小在情绪上都很压抑。他的家中经济条件尚可，只是妈妈脾气比较古怪，稍不称心便会打砸东西，对家人的控制欲也很强，为此甚至不惜编造各种理由蒙骗家人。成年后男子恋爱了，每一段恋爱他都无比害怕分手，因此总是努力取悦对方。女朋友生气了，他会一直哄对方，就算是对方的错，他也会先道歉。结果，每一个女朋友都对他很过分。后来他结婚了，妻子长相秀丽，看起来很温柔，也接受过高等教育，令人意想不到的是，婚后的她判若两人，行为之恶劣几乎到了令人发指的程度。可男人还是担心妻子离开自己,在他的意识里,与其只剩自己孤身一人,还不如去死。妻子对他拳打脚踢,他也丝毫不反抗,可越是这样妻子就越变本加厉。

终于,男子忍无可忍,决定接受心理治疗。经过治疗,他的心理状况好转了很多,他决心不再这样生活,于是向妻子提出了离婚。这时男子的母亲听说了这个消息。妻子对男子实施家暴的原因当中,有一部分是因为和婆婆积怨很深。可男子的母亲听到这一消息后,只平静地说了一句:"和好吧。"男子说:"妈妈,我无法和殴打丈夫的女人一起生活。"妈妈却说:"她会无缘无故打你吗?还不是因为你做了该打的事?"男子正色道:"妈妈也做错了事,难道我打了您吗?我不打妈妈是因为打人是错误的,对父母动手更不应该。"男子的母亲什么话也说不出来,但在回去的路上说:"唉,我真不好意思告诉别人,我有个离过婚的儿子。"男子一辈子最大的心愿就是不和像母亲一样的女人结婚,最后却找了一位和母亲一样的妻子,他长叹了一口气。

我们不会被任何人抛弃。每个人都是无比珍贵,也无比尊贵的。无论是谁,无论何种情况,都不应该被抛弃。即使在人生中无数次感到自己被抛弃,那也绝对不是你的错。感到脆弱和害怕的时候,请反复告诉自己:"我不能这样生活,谁也没有权力这样对待我。"这个世界上没有一个人是可以被殴打、被虐待、被抛弃的,无论长相美丑、是否富有、学问几何,所有的人都应该受到尊重。

## 不会说"不",
## 也不擅长处理人际关系怎么办?

"你能做好什么?""你也就这个样子了。""谁会喜欢你这种性格?能不能找到结婚对象都难说。""你一生下来就让人操心。"如果小时候经常听到这样的话,人的自尊感会非常低。他(她)会很难对别人说"不",原因有可能是因为自己缺乏主见,也有可能是因为害怕别人讨厌自己。

父母经常吵架会对子女产生很多负面影响,比如导致孩子胆小懦弱,不敢提出自己的主张。经常目睹父亲和母亲互相发难、争吵的情景,孩子会陷入巨大的恐惧和不安。看到父母互相指责对方,谁都不肯做出让步的样子,孩子甚至会认为"主张"是不好的,下意识里把主张等同于争斗。父母亲谁都不听对方讲话,只自顾自地大声重复着自己想说的话,最后不欢而散,经常目睹这种场面,孩子会认为吵架的元凶就是"主张",为了避免争吵,还不如忍气吞声。

比起好的事情，有过危险或不快记忆的人会首先想起不好的记忆。与他人对话的过程中，只要对方稍微大声，自己便会陷入父母吵架时的那种恐惧和不安。因此，为了避免发生冲突，总是无条件点头同意。好不容易鼓起勇气说了"不"，如果对方明显不悦，下次就更不敢提出反对意见了。

需要请求他人帮助的时候却怎么也开不了口，无法为别人提供帮助的时候又不懂得该如何拒绝。如果是这样，就要好好审视自己的内心，想一想自己是否太想得到所有人的喜爱，太想当个好人。人不可能对谁都好，也不可能得到所有人的爱。世界上的人那么多，必然会有一些人不喜欢我们。我们都有这样的经历，比如因为别人一个很小的习惯，会突然很讨厌对方，这些都是非常正常的，无须为此绞尽脑汁。就算我们为了帮助别人已经竭尽全力，也会有人仍不满意。何况，人的内心是随时都在发生变化的，对一个人的某些做法不满意，并不意味着一直讨厌这个人。

大多数人并不会因为被拒绝就讨厌我们。当然，拒绝的时候要坦诚说出自己的理由，充分征得对方的谅解。比如，"真不好意思，那天我有约了。这次不能一起去真的很遗憾，下次我一定陪你一起去"。如果这样说完，对方还是不高兴，那就是对方的问题了。大部分人请别人帮的忙会在一个合理范围内，帮别人的忙也会在合理范围内，如果是容易帮的忙，又何乐而不为呢？但是，如果对方的请求确实让我们为难，完全可以拒绝。不是只有你才会拒绝，而是任何人都会这样做。

假如帮助别人花费了我们很多心力，偶尔也可以学会"邀功"。这样做的目的并不是为了让对方感谢我们。我们付出了很多努力帮助别人，这意味着对方对我们很重要，如此，我们便需要和对方互通心意，因此，你尽可以表达出来。这种"邀功"是维持双方关系的秘诀，而非什么低劣的行径。假如你不愿帮这个忙，却无法直接拒绝，也可以说"我考虑一下"。比起"不行"，这样说会容易一些，你可以好好练习。感到不好办的时候，可以歪头说一句"我考虑一下"，这比什么都不说要好得多。

人是社会动物，谁都无法逃开人际关系。稳定的人际关系靠的不是单方面的牺牲，而是持续的相互理解和关怀。表达观点时，如果总是遵从对方的意见，或永远充当滥好人，就很难拥有理想的人际关系。维护良好的人际关系，需要双方互通真心，真诚对话。

有一个初中三年级的女孩，和大部分同学都相处得很好，但一直缺一个谁都拆不散的死党，她很想知道问题到底出在哪儿。我问她："如果好朋友告诉你，她想上个好大学，可数学成绩不好，所以很苦恼，你会怎么说？"孩子说："嗯，我会说，别太担心，你数学学得还可以。"女孩这样回答，其实也不能算错，但这个回答太中规中矩了。假如关系非常好的朋友和我说起自己的苦恼，我会说："确实，你的数学比其他科目弱一些，所以我觉得……"然后围绕朋友苦恼的问题，认真分析、讨论。女孩的回答是那种适用于任何人的所谓"安全的回答"，但不是给希望成为最亲密的朋友的模范答案。人们都希望自己在对方眼中有别于其他人，是最特别的那一个，希望对方可以向自己敞开心扉，说出内心真实的想法。女孩的回答对于关系一般的普通朋友来说也许是最好的，但对于希望和对方拉近关系的朋友来说，无法传达"对我来说你很重要"的信号。这样说不会引发矛盾，也不至于得罪朋友，但每次都这样说话，对方便不会和我们交心。

如果希望和某个人建立特别的关系，与之交往的时候就必须有别于点头之交。双方需要有深刻的互动，比如分享忠告、诉说苦恼。如果只说一些任何人都可以给出的"老生常谈"，虽没有什么害处，但也不会有任何实际性的帮助。听到这样的回答，朋友势必会想，"原来他（她）没把我看作自己人"，这样两人自然无法建立起亲密的关系。

## 不要只埋头于"应该……",却忽略了"我"本身

一位三周岁孩子的妈妈跑来找我,一坐下就呜呜大哭,说怀疑自己的孩子智力发育有问题,可是她带孩子去医院做过检查,结果一切正常。那么,为什么这位妈妈如此焦虑呢?原来,妈妈在家中贴了一张婴幼儿发育表,一直根据月龄进行观察,然后发现在这个阶段应该会做的事,孩子有一些不会做。发育表上明明写着"会使用剪刀",可孩子却做不到,这时妈妈就会手把手地教孩子。使用剪刀是小肌肉发达的象征,但如果日常生活中使用小肌肉没有问题,其实便无大碍。

世界上有很多"应该学会的东西"。从幼儿时期到老年时期,似乎每个年龄段都有很多"应该学会的东西"。如果不符合这些"应该",我们就会觉得自己落伍了,并为此感到焦虑。为了更加努力,为了做得更好,我们会不断鞭策自己,以及督促身边的人。到了育儿这件事上,这些"应该"甚至刺激着我

们的负罪感。因为假如学不会应该学会的,大人就会担心孩子有问题,同时会觉得自己没有教好孩子,内心忐忑不安。

  我的孩子在我怀孕三十五周出生,是早产儿,生下来时候的体重只有五斤。现在他五岁了,但非常不爱吃饭。因为他生下来的时候太小了,所以为了让他吃好一点,长长身体,我费尽了心思。要么给他看电视或手机,要么好言哄着,要么大声训着,每顿饭想方设法变换着花样,可孩子还是不怎么爱吃。我们还去看过有名的儿科专家,但没有用。不知从什么时候开始,只要孩子不吃饭,我就对他哭着大喊大叫,孩子从小就很敏感,现在变得更敏感了。刚开始上幼儿园的时候,我还担心他被别的小朋友欺负,现在变成了担心他欺负别人。他的脾气越来越大,动不动就乱扔东西,非常暴躁。孩子变成这样都是因为我。

  很多妈妈因为孩子不爱吃饭而煞费脑筋。为什么我们要如此执着于强迫孩子吃饭呢?上文中的妈妈担心孩子吃饭太少影响发育,以至于带着很深的负罪感。可是,如果总是强迫孩子吃饭,最终一定会影响亲子关系。人饿了自然会想吃东西,没有食欲的时候就不希望进食。孩子肯定有自己喜欢吃的东西,尽可以让他放开吃。很多妈妈担心这样会导致营养不均衡,但在孩子吃饭这件事上,最重要的就是让他(她)体会到吃饭的乐趣和满足感,产生"下次我还要吃"的欲望。反复吃同样的食物也是可以的。担心孩子营养不良？没那么严重。如今的食物种类这么丰富，只吃其中的几种完全不会成为问题。至于孩子不喜欢的食物，暂时就不要做了。再不喜欢吃饭的孩子也一定会有自己喜欢的食物，妈妈需要做的是把它做得好吃一些，而不是一味强迫孩子吃饭。

孩子吃得多且不挑食，这当然更好。父母希望孩子饮食均衡，也是出于对孩子的爱。但如果父母过于执着于这一点，就会变成强迫孩子吃饭，比如把食物强行喂进孩子嘴里，假如孩子吐出来，大人就会怒不可遏，逼孩子继续吃。为了让孩子多吃几勺饭，有的家长还会让孩子一边看电视或手机，一边喂饭。殊不知，这样做对孩子的成长是十分有害的。孩子需要自然地体会用自己的手把食物放进嘴里咀嚼、让肚子慢慢变饱的过程，并通过这一过程学习自律性，培养自我主导能力，而大人强行喂饭会打断这一过程。我们养育孩子的唯一目标应该是让孩子将来可以拥有健康、幸福的生活，上述做法显然不利于达成这一目标。最终，为了达到所谓"营养均衡"，会失去更多东西。这种时候，希望所有的父母都能再思考一下："孩子现在真正需要的是什么？""作为父母，我应该如何与孩子携起手来，共同面对吃饭这一难题？"

有些孩子比较挑剔，这和家长的教育方式无关，这些孩子只是具有一些生物学上的独特气质，并不代表着性格一定差。人是社会性动物，需要对外部输入的各种信息和刺激进行解释和处理。大脑接收到信息和刺激以后，会进行一定的取舍，最先处理的便是通过感觉获得的信息和刺激。感觉体系过于敏感的孩子无法顺利接受外界的刺激，尤其会对陌生或强烈的刺激反应敏感。

这类孩子对口腔刺激也很敏感。口腔中不但有味觉，还有触觉，口腔刺激敏感的孩子对口中食物非常敏感，一旦排斥食物的味道和质感，便会拒绝咀嚼和吞咽。

可是，妈妈为了让孩子吃得更好，不断让孩子尝试各种食物。妈妈想一次让孩子多吃点，于是使劲将食物压紧后喂进孩子嘴里，孩子把食物含在嘴里，口水的浸泡使食物的体积越来越大，孩子快要吐了，一旦把食物吐出来，妈妈就会非常生气，如此恶性循环。对口腔刺激敏感的孩子，只是看到饭桌上的各种食物都可能感到排斥，可父母喂饭心切，只要抓住一点机会，就想尽快把食物送进孩子嘴里，孩子很可能把这当成一种攻击。日日如此反复，孩子对外部的刺激会更加敏感，内心也会更加紧张不安，警戒感也随之提高。

感觉是大脑处理外部信息过程中的重要部分，偏敏感孩子在成长过程中，不安感也会逐步升高。如果小时候受到过强烈的刺激，或在自己没有做好准备的情况下受到陌生的刺激，为了保护自己，孩子会本能地逃离刺激，甚至莫名进入戒备状态，并首先做出攻击。

有这样一个孩子，她非常敏感，在家里却也和父母相安无事。这是因为她已经习惯了家里的环境，也非常信任自己的父母。这种情况下，即使感觉敏锐的孩子也不会有任何异常，因为在当前的环境里她能找到安全感。到了上幼儿园的年龄，那里有很多小朋友，有的不停地跑来跑去，还有的会抢别人的玩具。因为空间较小，孩子们之间免不了会互相冲撞，有的孩子就会摔屁股蹲儿。在这样的环境里，敏感的孩子很容易感到紧张。孩子并不是讨厌那些小朋友，也不是讨厌幼儿园，她只是对陌生环境里的各种刺激感到恐惧，因而变得畏畏缩缩，感觉受到攻击时，为了保护自己有时还会先发制人。有一次一个小朋友刚想站起来，她就认为别人要打自己，便冲过去猛地咬了对方一口。

从孩子的立场看，畏畏缩缩和攻击他人都是出于恐惧，但是大人在看到孩子畏畏缩缩的时候，会轻易地理解为"啊，她在害怕，来到新的地方，孩子有些不安呢"，大人会心疼孩子，并会想办法帮助孩子。与此相反，对于孩子做出的大声喊叫、咬人、推人等攻击性行为，大人则会说："妈妈在家里怎么教你的？""老师不是不允许这样做吗？""怎么动不动就打人？别的小朋友会不喜欢你的。"听到这些话，孩子会变得更加焦虑、更加敏感。其实，这两种反应都需要大人介入和帮助，但多数大人看到孩子上述两种不同的反应，对待孩子的态度也会有天壤之别。

父母不应该只看孩子表面的行为，而是应该认真思考孩子为什么会这样做。父母需要了解孩子的性格特点和生物学特性，孩子如何应对环境、如何处理信息，然后根据孩子的实际情况进行思考。幼年阶段的孩子没有能力主动迎合他人，这里所说的迎合不是讨好，而是实现和谐。父母应该更加积极地努力配合，帮助孩子在所处的环境中实现和谐。只有父母尽心配合孩子，尽量为其营造舒适的环境，才能让敏感的孩子在日常生活中找到属于自己的安全感。

父母对孩子严格的原因当中，有一部分是来自"应该学会"的强迫观念。在某个阶段，孩子需要会做某些事情，这让一些父母感到非常焦虑。如果孩子达不到平均水平，很多父母的焦虑更是达到了极点。希望孩子"应该学会"，很大程度上来自父母对孩子强烈的责任感，因为他们希望孩子成才。但父母是否想过，把所有精力都放在"应该学会"上，哪里还会有时间去爱孩子呢？育儿过程中，最重要的就是让孩子感受到父母的爱。假如妈妈板着脸对孩子说："吃这个对身体好，不好好吃的话小心我揍你！"孩子还会觉得妈妈爱自己吗？孩子长大一些，父母又开始拼命逼孩子学习。为了让孩子考上好大学，父母一天到晚都在唠叨学习，还会拿自家孩子和别人家的孩子比较，恨不得按着孩子的头让其一直学习。就算孩子以后能考上好大学，他（她）会觉得父母真的爱自己吗？

"应该学会"的观念不仅仅存在于育儿领域，在我们身边，还有很多"应该"。应该去、应该吃、应该读、应该取得、应该进、应该穿、应该有、应该达到……各种"应该"从小到大，不一而足。父母为育儿中的"应该"所束缚，没有时间去爱孩子，只想着"应该学会"什么,却忽略了"孩子"本身。成年人被日常生活中的"应该"所束缚,没有时间爱自己,只埋头于"应该",却忽略了自我。

努力生活是对的,竭尽全力也是对的,但是不要为了跟随"应该"的洪流而迷失自己。这是自己的生活,缺了"我"可不行。如果有人告诉我们"应该"怎么做,希望大家扪心自问,真的是这样吗?这适用于我吗?这适合我的孩子吗?我内心的真正想法是什么?对我的孩子来说,现在最重要的是什么?在我的人生中最重要的是什么?我要以怎样的价值观生活?问完自己这些问题,如果认为这样做有意义,可以听取这一意见。如果不是,完全可以一笑而过——"啊,还有人这样想啊。""原来每个人的想法都不一样啊。"

## 小时候被父母打，
## 长大后又打孩子

父母有过的一些恶劣习惯，我们本身必须坚决杜绝，丝毫不能沾染。比如酒。有人说："我爸爸平时很好，但只要一喝酒就变成了另一个人。"那我会建议他自己一定不要沾酒。不管父母当中哪一方酗酒，子女都最好滴酒不沾。因为从生物学的角度来看，子女也可能容易迷恋酒精。

另一个是虐待。有人说自己小时候经常挨打，长大后仍然无法平复内心受到的伤害。对于这些人来说，尤其有必要认真思考为什么不能打人、为什么父母不能打孩子。父母虐待孩子的行为很容易在家族中代代相传，在虐待孩子或习惯粗暴对待孩子的父母膝下长大的人，本身很难做到情绪稳定、善待自己的子女。他们应该省察自己的痛苦，并努力提醒自己不要效仿父母。他们是看着父母以暴力解决问题长大的，即每当孩子犯错，父母就通过殴打来解决问题。因此，即使他们心里明白不能用暴力方式对待孩子，在自己成为父母后，却很难做到这一点。

很多人打完孩子会说刚才自己只是在教育孩子，还有一些父母在教育孩子的过程中会使用一些错误的体罚方式。这些人经常混淆教育和虐待的概念。即使是出于教育孩子的目的，父母也不可以对孩子动手，大喊大叫或者骂人（比如"臭小子！""死丫头！"）也是绝对不可以的。必须明确的一点是，任何人都没有权力伤害别人的身体，即使是父母和子女之间，也没有侮辱和殴打对方的权力。就算孩子很调皮，就算孩子犯了错、惹了祸，父母也绝对不可以打孩子。

也许有人会对"虐待"一词提出抗议。"我很爱我的孩子，他做错了事，为了让他长点记性，我才教训他的，这怎么能说是虐待呢？"这样说的家长一定是因为自己教子心切，我能理解他们的心情，但还是主张不要这样做。从广义上看，这种行为也属于虐待，是应该被杜绝的，不需要任何理由。

我的本意并非向这些父母发难——"你打过孩子几次？打过几次就是虐待过几次。"我知道围绕这个问题历来就有很多争议。之所以在这里讨论这个问题，是因为有些父母伤害了孩子，却总是想方设法为自己开脱。我遇到过太多这样的人，小的时候因为父母"严加管教"，内心蒙受伤害，永远都被囚禁在那个时刻，无法长大。我认为，用打骂的方式来教育孩子，没有任何"教育意义"，许多活生生的例子证明，打骂只会给孩子留下阴影。当然，我并不是主张大人对孩子百依百顺、一味宠溺，我只是呼吁所有的父母都停止棍棒教育，寻找更好的教育方法。

还有些人会说，不打不骂怎么可能教好孩子？但在我看来，"打是亲，骂是爱"这句话让人非常不舒服。要想做到这样，父母需要随时控制好自己的感情。但是，假如是具备如此彻底控制自己感情能力的人，完全可以做到只动口不动手。既然如此，为什么不能平心静气地教育孩子呢？当你的手靠近孩子的身体，你以为自己真的可以完全控制自己的情绪吗？不要过于自信。如果真的如此相信自己，就不要把精力用在打孩子上，而是用在冷静但态度坚决地告诉孩子应该如何改正错误上。

有人认为，人在挨打时所感受到的冲击会引发个体的反省与觉醒。但是，更多的人会在此过程中感受到被侮辱，并陷入恐惧。小时候经历过这种侮辱感和恐惧感的人，长大后也不会忘记这种感受。这些恐惧和不安来自何处呢？答案是，孩子的内心缺乏这样一种信任："假如我做错事，爸爸妈妈会好好教我的。教我的时候他们不会情绪失控，更不会伤害我。在这个过程中，我会知道什么是对的。"生活了三四十年以上的人在这种情况下的想法和感受，和才不过几岁的孩子的感受是完全不同的。父母认为这是教育的时间，但在孩子心里，这只是一段让人瑟瑟发抖的恐怖的时间。

如果你打过孩子，请真诚地向孩子道歉。"因为你打弟弟，妈妈打了你。当时是不是很难过？"如果孩子回答说"是"，你可以说："妈妈打你是不对的。你做错事的时候，妈妈应该跟你好好讲道理，不应该打你。"如果孩子挨打后问："妈妈，你是不是讨厌我了，是不是不喜欢我了？"你可以说："妈妈当时太生气了，但并不是讨厌你，妈妈绝对不会讨厌你。"以及，"我应该好好和你讲道理，告诉你不能那样做，妈妈明明很爱你，却没忍住打了你，这次是妈妈错了。我很后悔，对不起。"还有，"妈妈一直以为那种教育方式是对的，现在才知道是错的。对不起，妈妈现在知道了。"

孩子也可能会说："妈妈总是说对不起，然后下次又打我。"这时一定不能说："要是你表现得好，我会打你吗？"而是应该回答："是的，妈妈确实这样了。"如此承认自己的错误。只有父母承认自己的错误，孩子才有可能忘掉自己的伤痛。"没错，虽然妈妈是大人，但也要努力学习一些东西，只是有些时候会不太顺利。我会更努力的。"如此真诚地回答即可。

挨打对孩子来说无异于受到攻击，而且一般来说，孩子是没有反抗能力的。无论父母的出发点是什么，打孩子都是攻击孩子的行为。如果孩子因此受到心灵上的伤害，如果父母希望孩子尽快恢复伤害，请承认自己的行为是错误的。让孩子感受到"啊，原来妈妈也知道这样不对"，这一点很重要。

还有很多父母口口声声说自己不想打孩子，却总是控制不住自己，边说边流下眼泪。他们一直告诉自己"不可以动手"，可下次孩子犯错时，又会立刻开始怪孩子，然后又打孩子。

需要明确的是，孩子被打绝不是孩子的问题。父母不是真的想打孩子，是孩子太不听话了，孩子实在太过分了——这些都不能成为父母对孩子施加暴力的理由。打孩子这件事并不是可以根据孩子的不同状况来决定的，没有哪个孩子就该挨打。这本来就是不被允许发生的，"不能打孩子"是"绝对正义"，每个人都要铭记这一点，这样才能杜绝这种事的发生。如果总是控制不住自己，可以积极寻求帮助，借助外部力量使自己无法这样做。

为了让孩子健康成长，父母需要不断学习。要知道，所有的生命体在成长过程中都会不断引发问题。如果一直躺着自然不会摔倒，但既然开始走路，就免不了会跌撞摔跤，但这不是孩子应该被打骂的理由。相反，出现这样的情况，父母应该担负起教育孩子的职责，事先想到可能出现的问题，营造良好的生活、学习环境，教育和指导自己的孩子。所以，作为父母，学习如何预防和解决问题也是非常重要的。

## 公司的人都排挤我，我做错了什么？

通过人际交往，我们既能感受到快乐，也会感受到痛苦。如果每天都要和自己不想见的人见面，或者一和人打交道就感到尴尬、不适，那么从早晨睁开眼睛到夜晚入睡，会一直非常痛苦。只有和经常见面的人、关系亲密的人保持良好的关系，我们的内心才能平稳。

我的父母都是很好的人，尤其是父亲，他非常温和、慈爱。每次我考完试，他都不会过分揪住分数不放，而是耐心帮我分析答题过程中出现的问题，还会跟我一起讨论以后该怎么做。每次父亲给我建议，总是不忘补充一句，说这不是硬性要求。从小遇到问题我就会向父亲征求意见，最后一般也会听从他的建议，因为我自己也同意父亲的意见。我有这么好的父母，为什么我的人际关系却是一团糟呢？记得高中和大学的时候我都很孤僻，来现在这家公司上班已经一年多了，现在人际关系又出现了问题，我已经不去公司的餐厅吃饭了。我曾经有过一个关系很好的同事，但是突然有一次，他没跟我打招呼，就自己出去和其他同事一起吃饭了。后来他看到我的时候，眼神有些慌乱，从那以后他似乎一直在有意疏远我。我曾尝试着和前辈们一起吃午饭，可他们的目光很少和我对视，说起话来也很敷衍。现在的午饭时间，我都是一个人去便利店，简单吃点东西对付一下。

人一旦适应了某种人际关系模式，除非经历重大事件，否则不会轻易受到外部情况的影响，他（她）会在熟悉的人际关系的范畴内处理矛盾和问题，因为这样才符合自己一贯以来的习惯。但是，"我"的人际关系情况并不始终如一，而是前后突然发生了很大变化。最开始，"我"也能和周围的人相处得很好，但不知从哪个瞬间开始，自己突然变成了孤家寡人，陷入了孤立无援的境地。

其实，让"我"感到痛苦的并非外部情况，而是本人的内心。目前看来，外部情况是模糊的，因为所有事情都是由"我"单方面叙述的。在"我"被孤立之前，没有听说过什么不好的传闻，"我"也未曾因为业务与任何人交恶。也就是说，事情的发生并不是因为某一具体事件，这就非常微妙了，因为毕竟我们不能直接质问对方为什么这样做。问题虽微妙，却不容忽视，正是因为这一微妙的变化，当事人在公司可能会度日如年。越是微妙的情况，越有必要理清头绪，否则无论我们去哪里，都可能再次遇到类似问题。

看起来，"我"似乎尤其不能接受别人拒绝自己。原本关系很好的同事一言不发出去和别人一起吃饭了，在"我"看来这无异于一种拒绝。不管是同事真的拒绝"我"了，还是只是"我"个人的感觉，总之"我"所有的思维回路都形成了这样一个定式，心里得出的结论便是——同事排挤自己，公司前辈也不喜欢自己。在此过程中，非常遗憾的一点是，到目前为止，"我"从未直接向对方了解过事实。"我"感受到的拒绝是真实存在的吗？虽然"我"是这么想的，但事实可能并非如此，也许对方只是不如以前热情，不积极释放善意了。

谁都不可能一直待人热情，谁也不能一直表达善意，我们自己也是这样。偶尔别人会让我们感到不舒服，这都很正常。一般来说，和别人打交道时，十次当中差不多会有四次经历不愉快。如果只把注意力放在不太好的四次上，而不是好的那六次上，屡屡因为人际关系而头疼就是必然的事情了。

一到三岁的孩子特别喜欢说"我自己会"。精神分析学家弗洛伊德强调过，在这一时期，只要不是危险的事情，都应该让孩子自己尝试去做，这样孩子的自主性才能得到发展。如果在这一时期没有很好地培养自主性，人就会很容易产生羞耻心，并陷入自我怀疑。因此，小时候很少按照自己意愿行动的人，长大后大多自信不足。

根据上文中的描述，"我"在非常和睦的家庭中长大，父亲"非常温和、慈爱"。但在我看来，问题恰恰出在这里。这位父亲很有可能是一个"温和的控制者"。除了前文中当事人的讲述之外，我还了解到几件事情，据此我判断，这位父亲也许真的非常温和、慈爱，但实际上对孩子的控制却非常彻底。可是，假如父亲的控制是有目共睹的，也许孩子可以说出"我讨厌父亲"，便不会如此迷茫，而是可以生气、抱怨、释放情绪、找到共鸣。父亲表面上并不强势，实际上孩子却要无条件遵从他的意愿，父亲实行的是一种"温和的控制"。现在，对"我"的人际关系产生深刻影响的就是这一点。

人应该在经历试错的过程中，找到属于自己的健康的标准。即使有人讨厌自己，也要敢于反问"你对我有什么意见吗"。可现在的"我"还做不到这一点。综合各方面因素来看，即使是大家眼里最好的父母，也会对子女产生一些负面影响。对子女来说，父母的影响力是巨大的，他们除了会受到来自父母的积极影响，还会受到一些负面影响。因此，即使是父母出于善意的行为，如果方式不得当，就会起到反作用。

人活着要和各种各样的人打交道。对方可能是好人，也可能是坏人；可能善解人意，也可能刁钻古怪；可能通情达理，也可能斤斤计较。有时候，我们无法选择自己会遇到什么样的人，有时虽然心里一百个不愿意，也要硬着头皮和对方打交道。因此，更应该学习如何处理和克服人际关系中发生的各种矛盾，这样才能更好地保护自己，不让自己受到伤害。

有的人每当遇到人际问题就选择辞职，其实这并非良策。因为即使跳槽了，今后还是可能会遇到同样的问题。运气好的话，今后也可能会很顺利，但那真的只是因为暂时运气比较好。当然，人比工作重要，如果实在忍受不了，选择辞职也无可厚非。只是，对上文中的"我"来说，当务之急是提高自己的自主性，练习克服羞耻心。

幼年时期的成长过程中，假如某一方面有所缺失，整个人生便会不可挽回地走向失败吗？不是这样的。长大成年以后，缺失的部分仍可以重新被弥补。缺失的部分被填满后，我们便可以更好地迈出下一步。要想培养自主性和克服羞耻心，就应该观察自己如何看自己，而不是别人如何看自己。我们当中的大部分人既没有价值观扭曲，也不是社会的害群之马，完全可以听从自己内心的声音，做出自己想要的决定。

不要过于关注别人对我们的态度，想去公司餐厅吃饭的话，尽管去。不在乎别人说什么，想怎么做便怎么做。就从这里开始吧，试着勇敢一些。这样做也许会让你感到不那么自在，但是，你的任何决定都不可笑。请鼓起勇气，每天都要练习给自己的决定注入足够的自信心。假如在餐厅里发生了什么不愉快的事情，不要立刻感到后悔，想着"我就不该来"，而是要告诉自己，"今天就是特别想来餐厅吃饭，所以我来了，我做得对！"一定要有意识地这样练习。

社会性是通过后天学习获得的。一个人的人品再好、再善良，如果父母不帮助孩子培养社会性，孩子步入社会以后势必遇到很多困难。好在我们还可以学习，只要付出时间和努力，这并不是不可能的事情。也许学习的过程不像想象中那么顺利，但不要逃避这个过程，坚持到最后，你终将有所收获。

## "性洁癖"者应该如何对孩子进行性教育？

一般来说，人到了一定的年龄，就可以自然而然地理解两性问题。但如果个人的成长经历中缺乏应有的教育，很容易无法正常看待人际关系，在他们眼中，人与人之间的关系经常简单地被概况为男女关系。但事实上，男女之间的关系并非都与恋爱或性有关。这个世界上生活着无数的男人和女人，大家不断发生融合，也发生矛盾。买卖物品、给予他人善意、为陌生人移植肾脏……可以说，我们每个人都生活在相互作用之中。

有这样一位妈妈，她总会无意识地把男性、女性间复杂的人际关系都朝着"性"的方向理解。从初中开始，她就几乎从不参加男女都有的活动。她害怕听到别人问："你是不是喜欢他？"不仅是朋友之间，对于公司同事之间、老师和家长之间，她也有同样的想法。恋爱对她来说是一件很困难的事情，她和现在的丈夫见过几次面就结婚了。现在，她上小学的女儿开始对大人的生殖器官感到好奇,这是非常正常的现象,但她还是很难受。听女儿说上幼儿园的时候有一次抱过自己喜欢的男孩子,她马上联想到了青少年怀孕、堕胎,担心孩子过早地对性感到好奇,这样会很严重。

在她小的时候,父亲动不动就打母亲。母亲和父亲离婚后,很快就再婚了,那时她正处于青春期。亲生父亲离开后不久,继父就搬了进来。每天吃完晚饭,母亲和继父便深情地手拉着手走进卧室。关于继父,母亲什么都没跟她说过,但对于后来的家,她只感到无比厌恶。虽然她也不喜欢家暴成性的亲生父亲,但对母亲与其他男人成为夫妻这一事实,她感到的只有愤怒。

母亲再婚并没有错,但遗憾的是,母亲没有告诉孩子继父是多么好的一个人,又是如何帮助受伤的母亲。另外,母亲也需要创造机会,让孩子和继父彼此增进了解、培养感情,这样她才能把继父看作一个普通人,而不仅仅是男人。由于缺乏上述过程,她只把母亲和继父的关系归结为简单的性关系便不难理解了。她在小小年纪便经历了父亲对母亲施暴、父母离婚、母亲再婚等一系列事件,没有人向她解释,也没有人开导过她。再加上青春期时期莫名的自卑感、内心隐约希望自身的魅力获得关注的无意识的期待等,各种想法错综复杂地交织在一起,没有找到一个合理的出口,最终导致她对于性的认识是负面的、厌恶的。

在有关性关系的问题上,她始终怀有一种受害者思维。通常来说,在受害者思维的背面,隐藏着自己希望受到他人关注的想法。例如，某人说有情报机构一直在监视自己，因而日日紧张，如惊弓之鸟。之所以有这样的想法，是因为在受害者思维的背面，隐藏着过度的自我意识。上文中的主人公不妨静静地想一想："会不会是我太希望受到异性的关注了呢？"希望给异性留下好印象，向异性展示自身魅力，这是正常的心理。但在形成性别认同的过程中，她经常感到自卑。与他人发生交集的时候，她习惯于先从异性之间的关系出发，然后站在受害者的立场上思考问题。在这种心理的背面，隐藏着这样的想法——我希望被某人看到自己的魅力。不是有意识地这样想，而是内心深处矛盾的潜意识中自然浮现出这一想法。

父亲打母亲的时候，她眼里的父亲是怎样的呢？是否就像野兽一样？但是母亲和"野兽"结了婚，并生下了孩子。是的，他们发生了性关系。当然，成年男女相爱、结婚，然后生儿育女，这是再正常不过的事情。可在她的眼里，父亲既像野兽，又是给家人带来伤害的攻击者，所以她无法接受性关系和生育行为。

况且，母亲离婚后没过多久就有了新丈夫。她不知道他是谁、和妈妈是什么关系，可以肯定的只有一点：他是母亲的新欢。她很容易羞耻地这样想——妈妈离了男人就没法活。以及，"明明从男人那里受到那么多伤害，为什么还会继续喜欢男人？"妈妈带新男友回家的时候，她一定非常惊慌，家中突然住进一个陌生男子，她肯定也感到非常不舒服。看到母亲和第二任丈夫走进同一个房间，她很可能非常厌恶自己的母亲。

性欲是人类极其自然和正常的生理反应。尽管如此，在她的潜意识里，只要承认自己有性欲，只要自己想在异性面前表现出好的一面，自己就会变成像母亲一样的人，这时，内心深处那些快要结痂的伤口就会再次被撕扯开，她感到非常痛苦。又因为自己的内心无法承受如此多的痛苦，所以，只要遇到与性相关的问题，她就会立刻下意识地通过恐惧和愤慨来铸造防御机制。就这样，她产生了严重的性洁癖。

从小在暴力家庭环境中长大的人，很难认为人际关系可以是互助、和谐的。随着母亲的再婚和继父的出现，她的世界几乎整个坍塌。她最根本的问题是受害者思维，无法信任他人。她认为女性是劣等的，但实际上就算作为一个普通人，她也从不认为自己具有被尊重的价值。结婚生子后，各种关系进一步扩大，但她仍习惯于从性关系出发来理解所有的人际关系，仍然牢牢地被恐惧和厌恶所束缚。几十年的时间里，她从没有享受过人生中那些美好的关系和感动的时刻。

对她来说，当务之急并非孩子的性教育问题，而是自己长久以来所忍受的煎熬。必要的时候，她可以向专业人士咨询。孩子最终还是要在父母的教育下长大，为了女儿的健康成长，妈妈一定要鼓起勇气正视自己的内心，承认并接纳自己。

## 因为没上过大学，
## 被孩子看不起怎么办？

小时候，我总是因为自己的父母文化程度不高而感到羞愧。和小伙伴们的父母相比，我的父母学历都很低，特别是妈妈，她只上过几年学。妈妈总是说爸爸因为这个看不起她，两人总是打架。后来爸爸有了外遇，妈妈甚至试图自杀过。我讨厌无知的妈妈，她没有自信，说话粗鲁，没有责任感，动不动就和人吵架。可现在，我的孩子也因为我没有上过大学而看不起我。孩子朋友的妈妈们几乎都上过大学，所以在孩子小的时候，我对他说谎了，我说自己也上过大学。孩子上了初中以后，一方面我觉得不能再瞒着他，就说了实话。从那时起，孩子动不动就说："妈妈连大学都没上过，能懂什么？""妈妈自己读书少，凭什么叫我努力学习？"我真后悔跟他说了实话。另一方面，我也担心因为自己没上过大学，头脑不聪明，不能把孩子教育好。

一切都是因为"我"没上过大学吗？还是因为孩子不懂事，伤了妈妈的心呢？其实两者都不是。一直在折磨"我"的，是"我"内心深处的自卑感。"我"并不是因为被孩子看不起而感到痛苦，而是因为"没上过大学"成了自己的一块心病，稍一触碰就会疼痛。这是我一切低自尊和自卑感的根源。

每个人的内心都有一个无法轻易碰触的"敏感区"。大部分人很难发现他人的敏感区，即使发现了，也会装作不知道，唯独孩子们善于发现父母的敏感区，而且经常触动它，这在父母和子女之间是很常见的事情。请不要误会，大多数孩子并不是有意让父母伤心。孩子总是希望自己能无条件被父母接纳，只是在此过程中，他们会无意触碰到父母的敏感区。

另外，孩子只有在认为自己是安全的时候，才会这样做，对父母充满恐惧的孩子是不会有这种表现的。孩子敢于把负面情绪如实发泄到妈妈身上，起码证明父母对孩子很好。孩子挖苦、顶撞父母，都是成长过程中会经历的自然阵痛。

妈妈现在最需要的并不是接受大学教育或取得相应学位，而是学习如何对待孩子的消极情绪，这是任何一所大学里都没有的课程。"因为没上过大学，大家都瞧不起我，我真的太难了。"这种说辞只不过是一种防御机制，目的是以没上过大学这一简单的借口，来消除内心的不安。其实就算"我"读完了大学，现在的担忧也不会有太大的改变。"我"在小时候几乎没有被父母接纳过负面情绪的经历，因此不懂得如何处理这些负面情绪。当孩子表现出负面情绪的时候，"我"感到非常难过，而且担心自己无法很好地抚养孩子，内心非常不安。最后，"我"把原因全部归结为自己学历太低。

从现在开始学习如何与孩子相处也不晚。请首先练习理解孩子所表达的情绪。不管这种情绪对不对、能不能接受，都不要对抗，而要肯定。假如孩子说："妈妈都没上过大学，能懂什么？我讨厌这样的妈妈！"你可以回答："原来你是这么想的。"请试着去接受，孩子也是可以对妈妈说这些话的。任何人都会有负面情绪，负面情绪也是有价值的。如果父母对孩子的负面情绪反应过于强烈，孩子就会怯于表达，情绪在孩子的身体里不断累积，总有一天会在孩子无法承受的时候全部爆发出来。但是，能爆发出来总是好的。有些时候，那些找不到出口的负面情绪会变为压力，让人情绪失控，还会成为很多"压力性疾病"的病因。更重要的是，如果孩子不会向父母宣泄负面情绪，今后也不会对任何人表达自己的不舒服。

在安抚孩子情绪的时候，至少我们要做到不责备孩子。假如孩子生气了，大喊大叫，你可以只说："我不知道你为什么生气，但我知道你现在很不舒服。"不需要寻找原因，只需要读懂孩子此时的心情便可以了。如果孩子一直生气，你可以说："如果你一直这样生闷气，妈妈也会很难过，会不知所措。我们不要生气了好吗？"然后给孩子一些时间，等孩子冷静下来了，再和孩子心平气和地就刚才的事情聊一聊。当然，即使允许孩子表达自己的情绪，孩子也不会在一朝一夕之间完全改观，但是作为父母，我们仍需要无条件地、真诚地面对孩子的情绪，不管它们是悲伤、愤怒,还是恐惧、自卑。

　　学会面对孩子的情绪之前,正视自己的情绪也很重要。这也许会很难,因为在过去很长一段时间里,我们已经习惯了隐藏那些不良情绪,这时重要的就是记住自己的第一反应。第一反应是在特定情况下,最先直观地感受到的感情。例如,孩子把自己喜欢的玩偶落在幼儿园了,要妈妈现在和自己一起去幼儿园把玩偶拿回来。可已经是晚上九点钟了,幼儿园早已关门。孩子大哭起来,妈妈不停地哄着孩子,可半小时过去了,孩子依然在哭闹。妈妈突然火冒三丈,脱口而出:"谁让你带出门的?这么喜欢的话,怎么不好好放在家里?"一开始妈妈明明很心疼孩子,但三十分钟以后,她的态度发生了变化。孩子一直哭闹,妈妈除了心疼,还有焦虑、无奈等其他情绪。心情变得复杂以后,妈妈有些无所适从,于是不知不觉忘记了自己的第一反应。就这样,她的感受迷失了方向,最终做出了不同于第一反应的反应。

　　我们的心情也经常迷路。比如,我们常常以"担心"开始,却以"生气"结束。坏心情到来的时候,我们尤其会变得脆弱。不管是孩子的坏心情,还是自己的坏心情,都会让我们感到沉重。因此,心情不好的时候,就要正视这种心情的本质,努力看清它的真面目,然后记住自己的第一反应是什么。每种心情都有不同的表达方式,心情好的时候我们会笑,悲伤的时候会哭,难过的时候需要人安慰,担心的时候需要得到慰藉。要想让心情找到正确的出口，就必须正视它们的本来面目，否则它们便会迷路，最终面目全非。心情是一定会表达出来的，比如有的人因为一点小事就痛哭流涕、大声喊叫、发火、乱扔东西、打骂孩子，还有些人会上网当键盘侠，发泄内心的不满，甚至有人会不惜自残，伤害自己的身体。这几年我们经常看到一些戾气很重的人，在孩子眼里，这样的父母是最没有教养的，他们充满攻击性的样子会让孩子感到非常失望。

请静下心来想一想，小时候的我们最讨厌妈妈哪一点？最想要什么样的妈妈呢？接下来再想一下，孩子对我们的期待又是什么呢？学历高？英语说得像母语一样流畅？可以很好地辅导自己学习？……孩子最想要的是这样的妈妈吗？事实上，对孩子来说，妈妈的学历并不重要，职业、财产、外貌、衣着打扮等条件也一样。孩子更希望的，是有一个懂得控制情绪的妈妈、能温暖地拥抱和安慰孩子的妈妈、在教训孩子的时候也不失教养和风度的妈妈、在任何情况下都努力理解孩子的妈妈。曾经的我们想要的，不也是这样的妈妈吗？

个子矮、身材胖、长得丑、没有钱、学历低，很多人都会因为这些感到自卑。但是，那些让我们感到自卑的原因，很可能并不是让生活变得艰难的真正原因。想让自己不那么辛苦，并不一定非要消除这些让我们自卑的因素，因为我们很有可能并不是因为它们而痛苦，而是因为不知道如何解决眼下的问题而不安。那些问题已经超出了我们的能力范围，于是我们只好把原因归结为自卑。"因为个子太矮，没法跟人谈恋爱""因为学历太低，被人们看不起""因为长得丑，找不到工作"等，这些都有可能是我们刻意制造出来的原因。当然我们可能确实会因此感到自卑，但是，请不要把这份自卑看得太重。个子高的人也有可能谈不成恋爱，学历高的人如果品行差，人们也会看不起。真正的原因并不在这里。只有弄清楚真正的原因，才能找到正确的解决方法。

## 太累的时候，
## 对人生充满了迷茫

有离过婚的朋友问我："孩子现在还小，我应该告诉他我们离婚了吗？"一些人因为离婚等各种原因，不得不独自抚养孩子，这时候他们往往会向孩子隐瞒另一方的存在。但在这种情况下，还是不做任何隐瞒为好。当然，你不必把一切都原原本本告诉孩子，而是可以根据孩子的年龄，选择告诉他（她）哪些事情。一味隐藏父母中另一方的存在，会导致很多问题的发生。比如在这一过程中你会不由自主地夸大一些原因，这样孩子很容易误会。假如有一天谎言被戳穿，孩子势必产生遭到背叛之感，也会认定父母中的另一方才是受害者，为了隐藏对不在身边的爸爸或妈妈的思念，孩子甚至可能会做出一些极端行为。很多人长大以后才知道自己的父母不是亲生父母，于是会说："如果早一点知道，我就不会想不通他们为什么那样对我了……"如果一个家庭有什么事情只对一位成员保密，这会给他（她）带来很大的伤害。

有位女子刚结婚不久,每次遇到不如意的事情,她就会想:"这些都有什么意义?"严重的时候她甚至会想:"这样还不如死了呢。"她总是忐忑不安,像惊弓之鸟,夜不能寐。有时候明明待在家里,她心里却总有一个声音在喊着"我想回家"。她成长于一个再婚家庭,上面有比自己大很多岁、同父异母的姐姐和哥哥。这些都是女子长大成人以后才知道的。小时候,姐姐和哥哥经常欺负她,亲生母亲大概担心别人说闲话,所以每次都偏袒姐姐和哥哥。明明是自己的女儿被别人的儿子欺负了,她不骂对方,反而骂自己的女儿。母亲还特别悲观,有一次她很骄傲地告诉家里,自己要作为女生代表去参加比赛,可母亲不但没表扬她,反而忧心忡忡地说:"这要是搞砸了可怎么办?"爸爸永远只和姐姐、哥哥一条心,给姐姐和哥哥的零花钱也多。每次回想起小时候,她都只有辛酸、凄苦的回忆。她很犹豫,自己还要不要生孩子?既然生活如此艰难,为什么还要让孩子一生下来也过这样的日子?

女子的童年是一系列无法得到答案的"为什么"的模糊延续——"姐姐和哥哥为什么要这样对我?""爸爸、姐姐和哥哥为什么总像有事瞒着我?""妈妈怎么不骂哥哥,反而骂我?"成长过程中,即使没有人教,孩子也会期待父母这样做——如果我表现得好,父母肯定会夸我;如果老大和老幺打架,大人肯定先骂老大,等等。但女子的经历却完全与此相反。长期暴露在这种情况下，孩子会特别怕人，因为他（她）什么都无法预测。漆黑的夜晚就不用说了，就算走在所有人都认为安全的大白天的街道上，也会感到紧张和不安。

可以说，这位女子的童年是一段充满疑问和混乱的时期。从来都没有人告诉她，"他们这样对待你是不对的，这种时候你发火也是理所当然的"，"你不该被骂，你并没有做错什么"。她什么都没做错，却要受到不公正的待遇，不是从别人那里，而是从家人那里，不是在别的地方，而是在自己家里。对女子来说，家是一个模糊不清、令人恐惧的空间。她在内心一直渴望的，不是充满这种不确定性的家，而是可以放松神经、舒适、安全的家。

在我看来，女子家中最恶劣的就是作为父亲的那个人，是他逃避了一切问题。原本他最应该承担起解决家庭内部矛盾的责任，可他却对其视而不见，导致矛盾逐步加深。妈妈也有问题。丈夫前妻的两个孩子年龄都不小，对她充满了敌意和憎恶，这让妈妈内心很是打怵，她只能对最安全的弱者，即自己的女儿倾诉悔恨和痛苦。她的婚姻不够稳定，所以对一切都感到悲观，因此才有了那句"这要是搞砸了可怎么办"。

在这样的家庭里长大，女子感受到最多的就是恐惧。面对生活的挑战，要么全力以赴，要么坐以待毙。对于可以预测过程和结果的事情，可以全力以赴，但面对模糊不清的局面，很可能坐以待毙。因为他们没有力量冲出迷雾，突破这种不可预测的局面。只要无法保证不出现最坏的情况，他们做任何事情都无法放开手脚。女子的人生中大概放弃过很多东西，很有可能很多事情没有尝试，她就已经放弃了。

我们常常对人生充满担忧，谁都不能百分百保证自己的人生一帆风顺。幼年时期经历过太多恐惧的人，生活会比别人更加艰难。人生总有无数关口，出现问题就要去努力克服，这里说的克服并不是指成功，而是不逃避，坚持到最后。每个人都是在这样生活，所以，不必害怕。不要去想遥不可及的未来，只要活在当下就可以了。不断活在可以摸到的今天，这就是在很好地经历人生。

我们也常常对人充满恐惧。每次看新闻的时候都会想，这个世界上让人无法理解的人真的很多。但是，没有出现在新闻里的普通人更多，他们的言谈和举动都中规中矩，不会出格。也许小时候我们的兄弟姐妹、父亲母亲都不是这种普通人，可他们并不能代表这个世界的全部。而且，就算我们小时候那样觉得，但现在很有可能不这么想。不要把自己的整个世界都交给他们。

看到有人失败，那些普通人大多不会对其指指点点，而是会给予鼓励和安慰。我们要经常清醒地认识到，这样的人还是很多的。

## 为何我总是逃不脱"无谓的后悔"？

人在什么时候会感到后悔呢？首先，当事与愿违，或者结果不尽如人意的时候，很多人就会感到后悔："当时不应该那么做的。"不管结果是好是坏，总之没有达到自己的期待，就特别容易后悔。其次，人在做错事的时候也喜欢说："我为什么要那样？"并为此感到后悔。最后，人在极度心痛的时候也容易感到后悔，比如深爱的家人离世了，很多人会无比后悔地说："我应该对他（她）好一点的。"

但是，我认识一位年轻的妈妈，她的情况不属于以上任何一种原因。她对自己做的一切都感到后悔，而且时间越久就越感到无力、忧郁。她的孩子现在四岁了，她正在准备公务员考试。一年前她还在外面工作，但由于下班时间总是很晚，所以中途换过几次公司，最终还是辞掉了工作。考虑到孩子每天在幼儿园里度过的时间太长了，经过深思熟虑，她做出了现在的决定。现在她每天准备考试，孩子白天去幼儿园，回家后有外公陪着，可她仍然感到对孩子十分愧疚，总是不由自主地想："我这是在做什么？"也会担心万一考不上怎么办，不时心里还会蹦出"要不还是别备考了，重新回去工作吧"的想法。最后，她甚至开始后悔："为什么要放弃那么好的工作？""当初为什么要急着生孩子？""我为什么非要结婚？"想到自己现在特别像一辈子都在埋怨母亲的父亲，她对自己感到寒心。

她从初一开始便和父亲一起生活，那时父母已经离婚了。父亲年轻的时候创业不顺，现在经济上也非常困难，他说自己变成这样都是妻子的错。母亲是个女强人，在她看来，努力为孩子赚钱才是父母爱孩子的方式。两人离婚以后，母亲在金钱方面从未亏待过她，但却没法关心、照顾她。最开始她也很心疼父亲，可父亲什么都能怪到母亲头上，时间久了，她感到心累。这时她遇到了现在的丈夫，一个虽然条件不好，但心地善良的男人。

每件事她都会后悔，但纵观她的人生，她在每个重要时刻做出的决定并没有问题。她说她后悔结婚，又说丈夫心地善良，既然如此，和丈夫结婚难道不是最好的选择吗？她说她后悔生孩子，可是，对大多数人来说，这只是一个很正常的选择。人出生后在父母的爱护下成长，然后与相爱的人结婚，再生育子女，为人父母，在这一过程中，虽然不是每天都很幸福，但大多数时间还是可以感受到很多的喜悦。所以，她的决定没有任何问题。

她说后悔从公司辞职。考虑到孩子在幼儿园度过的时间太长，她希望每天能多一些时间陪孩子，所以跳槽到了加班少的地方，这种选择也是没有问题的。孩子满四岁以后，每天回家有外公陪着，这时她产生了"要不要重新工作"的想法，而且考虑到"假如能考上公务员，生活就会安定下来"，所以她选择了备战考公，这也是她综合各方面因素，深思熟虑后的决定，在我看来这也是正确的决定。

可是，每次学习到很晚才回家，看着孩子的背影，她总是忍不住后悔："我这是在干什么？自己都不确定能不能考上，要这样用功到什么时候？为什么最开始要辞去那么好的工作？第二家公司也不错，应该忍耐一下的，当时为什么要那样选择呢？"其实学习完回到家以后，她本可以感到十分满足。虽然孩子没有妈妈陪在身边，但白天在幼儿园过得很好，回到家又有外公照顾，没有任何问题。她完全可以走进来抱起孩子，对孩子说："今天玩得开心吗？谢谢你帮妈妈分担困难。宝贝这么乖，妈妈才能在外面安心学习呀。"可现实却是，她能感受到的只有无尽的后悔。那么，让她感到如此后悔的根源是什么呢？

韩国的父母培养子女的方式有很多种。在有些父母看来，让孩子有一个出色的外表很重要，为此他们像艺人的经纪人一样，严格管理孩子的饮食等生活习惯。由于吃了方便面脸会肿，他们坚决不允许孩子碰方便面，而且每天都会早起，亲自研磨各种粗粮给孩子当早餐。他们还会带孩子去美容院做发型，和发型师反复沟通，提出各种要求。在另外一些父母看来，孩子考上好大学才是最重要的，于是他们把孩子的日程排得满满的，不断接送孩子去各种补习班，辅导孩子作业，为了让孩子保持体力，还会给孩子吃一些补品。还有的父母希望能多赚些钱，将来给孩子留一栋房子。为此他们勒紧裤腰带，勤俭持家，只让孩子吃好的、穿好的，一切为孩子服务。

她的母亲属于第三种类型，但是，在养育子女方面，物质上的支持固然不可或缺，情感上的给予更加重要。很显然在她的幼年时期，母亲疏于关心与爱护，因此她的内心一直是缺爱的状态。

听到她父亲的故事，我感到一种强烈的无力感。通常结果不如人意的时候，我们便会后悔。但父亲不是自己后悔，而是习惯了迁怒于别人。在他看来，一切都是妻子的错。后悔这一行为是"我"做出的，因此这一过程的主体就是"我"。比如，"我为什么那样做？我为什么要和那个人见面？""我"作为行为的发起者而感到后悔。虽然我们走的是一条充满艰难和困苦的人生之路，但我们自己是无可置疑的主人公。可是，父亲一直在怪别人把自己弄成现在的样子，目的是把责任转嫁给别人。在父亲的人生道路上，自己这个主体所占的比重很小。

父亲一辈子生活在对他人的埋怨之中，其实也非常可怜。上文中的主人公觉得自己跟父亲很像，并为此感到寒心。每当在人生中做出某种决定，需要面对结果的时候，她总感到后悔，这种倾向和父亲非常相似。但是，父亲的"埋怨别人"和她的"后悔"，主体是不同的。女人之所以经常感到后悔，是因为没有从母亲那里得到足够的关爱，总是无法相信自己，因此习惯性地懊悔。

她说自己很像父亲，事实上，她顽强的生活能力也很像母亲，我认为正是因为如此，她才一直有不断面对挑战的力量。从这一点来看，她比父亲积极得多。不过，父亲虽然很无力，似乎仍属于良善之人，毕竟他一把年纪还在帮忙照顾外孙。她也是一个容易心软的、善良的人，所以看到孩子没有妈妈陪伴会感到心疼，看到父亲的样子也会心疼。总之，她并没有像父亲那样遇到困难就推卸责任，虽然容易后悔，但面对生活的挑战，她从未逃避过。

她的日子过得非常辛苦，那么一起生活的父亲能帮到她吗？我认为不能。父亲自顾不暇，自己的情绪都无法消化，又如何能帮助她呢？相反，每次都是她在安慰父亲。所以，如果她的丈夫如她所说，心地善良，性格温和，那么她也算遇到了对的人，因为对方可以为她提供"情绪价值"。这样看来，和丈夫结婚也是正确的决定。

即使幼年时期从父母那里受到太多不好的影响，人也可以在后天改变自己。经历过重大变故的人，一般会不同于以往，相信某种宗教以后，人也常常发生改变。在精神科医生的帮助下进行精神分析，不断地剖析自己，进一步认识自己以后，人也会发生改变。还有，婚姻中找到那个对的另一半，也有助于我们快速走出以往的伤痛，重新拾起对生活的信心。

举个例子，我认识一位女性，小时候她受到的是来自父亲的压力式教育，比如找东西的时候，父亲一定会在旁边不停地催促："赶快找啊，怎么还没找到？"长大后的她非常容易紧张，因为一点小事便坐立不安。好在丈夫非常宽容。有一次他们从外面回来，正要开门，却发现找不到钥匙。她急了，一遍一遍地翻着自己的包，嘴里嗫嚅着："怎么找不到……怎么找不到……"急得汗都出来了。但是一旁的丈夫安慰她说："慢慢找，肯定还在身上，难不成它会长脚跑了吗？我来帮你拿着包。"这一刻她才发现，原来并不是所有人都像她父亲一样。如果丈夫说："你怎么连个钥匙都拿不好，我不是提醒过让你别弄丢了吗？"她的焦虑和自责会更严重。丈夫还说："没事，谁都会遇到这种情况。能和你在玄关前面多站一会儿，让我又回忆起了我们谈恋爱的时候呢。"和丈夫一起生活以后，她慢慢摆脱了那些一度让自己喘不过气来的压力。

关于文章开头出现的主人公感到后悔的那些事情，刚才我们已经一一进行了分析，结果是，她做出的所有决定都没有问题。在我们身边有很多这样的人，至今为止他们从没有做过任何错误的决定，却总是感到后悔，并为此痛苦。我想对他们说的是："你做得很好！你做的每一个决定都是正确的。"你做出的每一个决定都和上文中的她一样，都是你在当时需要做出的决定。当然，我怎样看并不重要，重要的是，你自己应该这样觉得。

所谓无谓的后悔，指的是面对无须感到后悔的事情，仍然习惯性地感到后悔。如果已经习惯了后悔，那么现在你最需要的是一个清醒的过程。只轻飘飘说一句"我确实有这样的倾向"，这样是很难改掉长期以来的习惯的。每当感到后悔的时候，要善于通过思考进行分辨——这真的是值得后悔的事情吗？

每晚入睡之前，记下白天发生的所有好的事情吧。天气预报中说的"今天很冷"和我们出门吹到冷风时的感觉是不一样的，所以，请好好体会你的真实感觉。感到后悔的时候想一想："这个结果真的是坏的吗？"感到心痛的时候想一想："今天我为什么会心痛？原来是因为听到孩子哭了，所以感到难过。"那么，回到家紧紧抱住孩子就可以了。孩子要睡觉了仍不肯松开妈妈的手，你心里会想："孩子多么需要妈妈啊。"然后一阵心疼。这时再问问自己："我为什么会心疼呢？原来是觉得孩子可怜。"那么，请紧握住孩子的手，并告诉孩子："妈妈很爱你。"通过这些行动，来分辨哪些是无谓的后悔。

很多时候我们感到后悔的那些事情，其实并非真的值得后悔。仔细想一想这样捶胸顿足值不值得，不要因此引发其他的后悔。

## 稍微不被理解，
## 就感觉自己被抛弃了

你是否也有过这样的经历？起因只是一件微不足道的小事，内心却深受打击，甚至万念俱灰。"我为什么因为这点小事就这么生气呢？"

我认识这样一位女士，她有一个好丈夫，也有一份不错的工作，可她总说丈夫把自己抛在一边，心里非常委屈。其实两人之间并没有什么大不了的矛盾，无非是叫了半天他还不起床，自己做的食物他也不觉得好吃，总之都是些鸡毛蒜皮的小事。她不愿每天这样斤斤计较，也担心丈夫的心会离自己越来越远。

再成熟、再善良的人，日常生活中也会有小心眼的时候，因为我们都不完美。每个人也都不一样，有的人更喜欢睡懒觉，而且有可能不喜欢我们喜欢的那些食物。所以，虽然是妻子精心制作的食物，丈夫也有可能并不喜欢。但是，妻子用了"抛在一边"的说法。她为什么要这样说呢？所谓的"抛在一边"在家庭中通常指的是：置发烧的家人于不顾，自己只埋头玩游戏；配偶住院了，自己却和狐朋狗友出去喝酒；等等。但是，上文中的妻子只是因为叫了半天丈夫却迟迟不肯起床，她便感觉自己被"抛在一边"了。

不管自己的诉求是什么，只要不能完全被对方接受，她便觉得自己被抛在一边了。比如，当她对某事表达了自己的厌恶，对方无法感同身受，只是反问道："这有什么好讨厌的？"听到这样的回答，她就会觉得自己的情绪被忽略了。所以，她感受到的不是单纯的失望，而是近乎被抛弃的感觉。被抛在一边意味着无法受到任何人照顾的状态，但如果在琐碎的日常中也总感觉自己被弃之不顾，恐怕很难与他人建立亲密关系。

哪怕建立起亲密关系，只要对方无法和自己心心相印，他们便会感觉自己被忽略了。在普通的人际关系当中，他们也总是殷切希望自己被无条件接纳，希望对方能一直站在自己这一边，一切以自己为中心。但是在现实中，这是不可能的，所以不管和谁走得近，只要这一欲求没有得到满足，便会感觉自己像是被抛弃了，非常恐惧和痛苦。所以，有时她明明很想拉近和对方的距离，却总是不由自主地退缩。

她的性格如此极端、矛盾，和小时候的成长环境不无关系。她的父亲性格古怪，令人无法捉摸。他会动不动就暴跳如雷，转眼间又低三下四开始道歉。如果父亲总是一副可怕的面孔，也许她能找到保护自己的方法。但面对一个暴怒之后突然态度一百八十度大转弯，不惜卑躬屈膝道歉的人，她感到无所适从。

这样的父亲除了会让孩子感到恐惧，还会被孩子看不起。站在子女的立场上，父亲生气时让孩子恐惧，非难孩子时让孩子委屈，道歉时又会引发孩子的蔑视感。一个"如此差劲"的人竟然会让自己感到如此害怕，这时人的自尊心会跌到谷底。孩子会想，"我竟然这么怕他，那我又是有多差劲啊"。而且，上文中的她小时候经常需要安慰受父亲打骂的母亲，她有多少时间是真正作为一个孩子，去享受无忧无虑童年的时光呢？正常人所应感受到的喜、怒、哀、乐，她从未有过真正的感同身受，对自己的感受也缺乏认同感。正因如此，稍微不被理解，她就会产生被抛弃的感觉。

　　还有一位三十岁的女士，她的问题是，总是把身边的人想得过于理想化，以至于无法和对方正常相处。她刚出生就被父母遗弃，后被一户人家领养，但这家人只把她当成免费保姆，而不是孩子，她只是一个廉价的劳动力，没有受到任何爱护不说，甚至还被养父性侵。幸而她遇到了好的结婚对象，终于有了自己的家。但她有一个怪异的习惯，每天晚上十二点，她就会叫醒酣睡的丈夫，让他给自己做吃的。丈夫做好饭，她便吃完继续睡觉。丈夫问她为什么要这样，她回答说，一到晚上十二点，她就会产生幻听："让他给你做东西吃。"她还经常产生幻觉，看到自己面前站着一个小女孩，手里拿着刀，她觉得这好像是从来没被爱过的自己。成长过程中从未得到过爱，这成为她心里永远无法愈合的伤口。

成长过程中从未得到过最基本关爱的人当中，有一部分会对身边的人产生严重的"理想化"倾向。这个女士便是如此。她一心希望自己成为一个好妈妈，因此对待自己非常苛求，凡事都希望做到完美。她还希望丈夫和婆婆也像电视剧中的人物一样完美。当然，这只能是奢望。育儿过程非常辛苦，丈夫和婆婆也并不完美，她感到非常失望。在这种心态下，她很难与他人维持圆满的关系。要知道，每个人都有自己的不足之处和弱点。女人不仅对自己，对丈夫、孩子、婆家人身上非常小的缺点也无法释怀，还会因此贬低自身和对方。她感到很绝望。

如果你也经常有这种感觉，请首先练习坦率地说出自己的状态。如果身边有尊重、爱护自己的人，比如朋友、前辈、丈夫，可以对他们说。如果身边没有这样的人，写日记也不错。可以说出自己感受到的失望、空虚、被抛弃的感觉，比如，可以诚实地告诉丈夫："老公，你那样说的时候，我觉得自己就像被抛在了一边。很奇怪，就是感觉自己好像被抛弃了。"对方会说："怎么可能？我为什么要抛弃你？我不会不管你的。我说那些话都没经过大脑，你别介意。"如果在日记本上练习，请把回答记下来，然后反复说给自己听。你需要无数次听到这些话。要相信，丈夫不会像自己的养父母那样践踏自己，他和他们是不同的人。曾经的养父母已经不再处于能够影响自己的位置上了。

## 如何才能
## 与内心的痛苦和解？

有一个孩子找我做过很长时间的心理咨询。他的口头禅是："为什么只有我这么倒霉？"他很聪明，学习成绩也很好，但在学校受过几次委屈之后，便对世上的一切都持否定态度。不管我如何解释，他都会说："所以呢？最后还不是做不到？""没用，我的人生又不会因此改变。"他有很多特长，比如画画。有一段时间，他非常喜欢用电脑绘制游戏人物，有一次他花了两小时画了一幅画，可上传的过程中文件被删除了。我就是在那一天见到他的。他对此非常愤怒，说自己再努力，也总会遇到这样的事情，自己真是个倒霉蛋。

我静静听着他的故事，最后说："我知道你很委屈，但还是重新画吧。"他又把以前发生在自己身上的不好的事情都说了一遍，说自己气得快要疯掉了。我回答说："但以前发生的事和这次不一样。"他像是愣了一下，静静地坐在那里，眼睛瞪得圆圆的。"以前在学校里发生的大部分事情,控制和决定它的主体是谁?"孩子回答:"是老师。""就算你是冤枉的,你也没法子吧?"孩子回答说:"是。"我又问:"那这次的事情主体是谁?"孩子说:"是我。""那么,如果事情变得不顺利,谁能解决这个问题呢?"孩子说:"我。""你能解决,还是不能呢?"孩子想了一下,说:"应该能。"我接着说:"那就自己试着解决吧。这样只是会多花一些时间而已。目前的状况确实让人恼火,但可以确定的是,第二幅画你一定会画得比之前更好。以前发生的那些事都是你无法左右的,你只能被动接受。但是现在,就算心里恼火,起码你可以控制它啊。"这天以后,孩子的情绪惊人地稳定了很多。

在我们小的时候,很多时候事情的主体都不是我们自己,我们对此无能为力。但现在,我们已经是成年人,事情的主体也随之发生变化。仔细想想就能发现,围绕我们的大部分事情,其主体最终都是"我"。不要忘记我们自己可以选择,可以主导,也可以创造出不同的结果。如果总是受到别人的影响,自己会陷入非常被动的立场。小时候我们每个人都是这样的,因为我们会受到父母的影响。但现在,让我们更加积极主动地摆脱这些影响,疗愈那些伤痛,认识真正的自己。事实上,为了从所有痛苦中解脱出来,我们需要真正和解的对象并不是母亲,也不是父亲,而是自己。因为讨厌不能讨厌的人而感到的痛苦、心里想着"怎么可以对自己的亲生孩子那样呢"所感受到的伤心——和它们和解,也和自己现在的心理状态和解。

一位女子遭到了强暴，但案件的审判过程却异常艰苦，几乎可以用残忍来形容。加害者竟然以受害者自居，而真正的受害者被追问是不是"吧托女"。无法想象她该有多恨这个世界，该有多心痛，该有多么想抛开这一切！其实在当时的情况下，她能活下来已经很不易了，换作任何人在当时也很难抵抗，可现在，整个世界都残忍地对她冷眼相看。我能理解她的心情，也知道她没有做错任何事情，但假如她站在我面前，我会告诉她："现在你已经安全了，慢慢向那些可以保护你的人靠近吧，要打起精神来啊。"我能说的只有这些。虽然我充分能够理解她所感受到的恐惧，但只有摆脱那种恐惧，才能产生保护自己的力量。

　　孩子在外面挨了打也是一样的。孩子被打了，我们当然会很难过，如果打人者不真心道歉，我们会气得发疯。也许我的话会让一些人感到失望，但我还是建议，如果对方道歉，我们就尽量接受吧。当然，每个人的表达方式都不一样，并不一定非要跪下，或者负荆请罪才是道歉。只要对方表达了歉意，最好还是接受，如果一直不依不饶，对方的父母也会束手无策。

　　也许很多人会说："道个歉就完了吗？"可是，发生纠纷以后还期待对方可以让我们完全消气，这是不可能的事情。如果你希望得到的道歉标准是"我的心很受伤，你必须让我充分满意"，那么这个问题将是无解的。只要对方的道歉达到了一般的社会标准，那么即便我们心里仍感到委屈，最好也接受，让这件事翻篇。很遗憾，我们心里挥之不去的芥蒂，是应该由我们自己去承担和解决的东西。事情到此为止，便可以告一段落了，这样孩子和自己才能跨过这个门槛，继续走下去。虽说心里难免不好受，但如果一直无法走出来，又如何能够开始新的生活呢？

这就是我想对你说的。我知道，你非常辛苦，身心都很疲惫。但是，请拿出一些精力来好好了解自己。受到伤害的时刻已经过去了，你已经不是那个只能束手无策被别人伤害的小孩。你可以说话，可以行动，一切都和那个时候不一样。"只要我想结束，就可以结束。我可以根据自己的意愿做出任何选择，也可以做出任何改变。"希望你能明白，这些小小的变化，都是新的开始。

# PART ③ 当我也为人父母……

不要担心，

你的孩子和你

不一样

## 我不想成为
## 像自己母亲一样的妈妈

小时候非常讨厌妈妈大喊大叫的人,自己有了孩子以后绝对不会对孩子大声喊叫。小时候经常挨爸爸打的人,会发誓为人父母后绝对不打孩子。小时候妈妈疏于照顾孩子、从不关心自己的内心世界,做了妈妈以后一定拼命想对自己的孩子好。小时候爸爸非常忙,经常缺席的人,自己有了孩子以后肯定会尽量多陪孩子。

但是,如果我们只记住小时候不喜欢父母的那些行为,并强迫性地要求自己绝对不和他们一样,和孩子的相处就会成为我们的另一种负担。有的父母对孩子使用敬语,且从不大声训斥,但是,他们会不自觉地用平静的口吻胁迫孩子。还有的父母每每想打孩子但最终忍住了,自己感觉很欣慰,殊不知,每次都制造出要体罚的氛围,孩子受到的伤害其实和挨打无异。假如为了刻意对孩子好,对孩子的所有事情都一一干涉,孩子就会失去主导性，变得软弱无力。虽然这样做的初心是为了避免成为自己讨厌的父母的样子，不知不觉中却会形成另一种错误的教育模式。

如果不想成为像自己母亲一样的妈妈，就要正确看待自己对母亲的憎恶和反感。这种感觉不会轻易消失，只在心里想着绝对不会成为像母亲一样的人，绝对不会像母亲一样教育子女，光有这种决心是无法解决问题的。一定要弄清楚自己讨厌的是妈妈的哪一种行为。言而总之，一切还要从看清自己的内心开始。

不久前，我在自己的博客发表了一篇文章，内容是孩子有时也会讨厌妈妈。虽然孩子在这个世界上最爱妈妈，但有时候确实会这样。"妈妈，我讨厌你！""妈妈，不要！"孩子说完这些话，如果我们问孩子现在的心情如何，他们大多会回答很难过。一位妈妈说，看完这篇文章，自己的内心变得平静了很多。她告诉我，自己小时候很讨厌妈妈，所以总觉得自己像个坏人。因此，她从来不敢把"讨厌"二字说出口，只把这一想法深埋在心底。但读了这篇文章她才明白，"原来我也有那样的时候啊"，"原来当时我也很难过啊"。她说，如果孩子对自己说"妈妈，我讨厌你"，自己肯定会感到无比寒心，但是现在，她会对孩子说："原来你不喜欢妈妈这样。那么，讨厌妈妈的时候，你的心情是怎么样的呢？"

另外，最好不要试图改变我们的父母。他们已经一把年纪，要想在朝夕之间改变长久以来的行事方式，谈何容易？当然，也许有人确实可以做到，但俗话说"积习难改"，这无疑是十分困难的。而且，父母一直认为那是他们爱子女的方式，自己所做的一切都是为了孩子。所以，不管如何劝说，父母也很难意识到问题所在。因此，这件事最终只能由我们自己来解决。我们可以在心中保持一定的距离，也可以寻找内心的稳定感，可以减少见面的次数，还可以选择搬家，总之这些都是我们自己应该做的努力。

很多人给我的专栏来信的时候，都说过这样的话："因为原生家庭不好，我很害怕结婚。""因为没有好的父母，我很害怕生孩子。"他们的童年非常不幸，所以担心孩子也像自己一样不幸。我完全理解这样的心情。由于和父母的关系不够稳定，也不够积极，所以他们没有信心成为好的父母，去教育孩子。从小与父母没有多少美好回忆的人，即使非常爱孩子，也会没有自信与孩子建立稳定、积极的关系。确实，那是自己从未经历过的事情，头脑中没有任何印象，自然会遇到很多困难。

但是也需要看到，"希望我的孩子不要像我一样长大"这句话本身是有一定问题意识的。从意识到这一点开始，"我"已经是和父母不同的人了。虽然是自己的孩子，但孩子的一半基因来自"我"的伴侣，因此，完全不必担心孩子会成为和自己一模一样的人。

从来没有亲身实践过，也没有任何经验可借鉴，这样的人也能教育好子女吗？答案是：确实不容易。但养育子女凭借的不是方法，而是取决于内心的想法。方法可以学习，但最终需要战胜的是对自己的恐惧，准确地说，是自己内心的恐惧。孩子和我们是完全不同的人，我们也和父母是不同的人。更何况，为了从缺乏信心、不够确定、无比恐惧的感觉中突围，"我"一直在努力，这样的"我"和父母更加不一样。

  出发点不同，结果自然也会不同。出发的方向哪怕偏离1度，也会导致我们走上不同的道路，如此，最终目的地也将完全不同。最终，"我"将走上与父母养育"我"的方式截然不同的道路。请对此保持信心，找回自我信任和安全感。一旦找到信心，好的方法也会出乎意料地不请自到。

## 别担心，
## 孩子不会像你那样长大的

一位妈妈说，自己小时候总是被排挤，从小学四年级开始，这种情况一直持续到高中。上小学那段时间，班主任和父母都出面训斥过欺负她的孩子，也安排过别的孩子跟她一起玩，但这只能起到暂时性的作用。结婚后她做了妈妈，特别担心自己的孩子上学以后也会遇到自己经历过的那些事情。她希望孩子不要受到自己曾经受到过的伤害，能和周围的人和谐相处，只是，她自己却不懂得应该如何和孩子同学们的妈妈打交道。每当结识新的朋友，她就会想起过去的伤痛，因而踟蹰不前。

受到排挤的经历很容易给人留下心理阴影，尤其是学生时代的精神创伤，会给一个人的人生带来很大影响。也许，没有这类经历的人会说得很轻松："小孩子一起玩的时候开个玩笑很正常，有什么好大惊小怪的？"如此轻描淡写只会掩盖问题。只有真正有过这种遭遇的人，或者近距离观察过受孤立者的人才会说："即使行为主体是青少年，也应该将集体孤立视为犯罪。"现实中，此类问题发生的频率很高，但始终没有得到应有的重视，往往只有发生特别严重的案件，媒体才会报道，这样问题便很难被根除。我们必须对此持续关注，积极寻求解决方法。这是所有人都应该关注的问题。

被孤立之所以可怕，是因为很难弄清楚具体原因。如果自身确实有做得过分的地方，才遭到其他孩子的孤立，或被群起而攻之，这种情况好办一些，因为只要改正错误就可以了。但是如果没有任何原因，或者在完全不知情的状态下遭到集体孤立，当事人内心的不安是无法用语言来形容的——因为不知道其他人会如何对待自己而产生的深深的恐惧，无法向任何人言明的担忧，完全不知道自己做错了什么的委屈，对这个危机四伏、不再安全的世界的怀疑，这一切都会成为压垮他（她）的最后一根稻草。因为无论他（她）如何努力，都无法得到他人的认可，无法摆脱被孤立的命运。又因为不知道该如何改正，人会逐渐失去自信。带着这一阴影步入成年，成为父母并有自己的孩子以后，这一伤痛还会死灰复燃。因为，父母的主要职责之一便是教孩子如何建立起社会性，与他人互动。

但是，"我"在小时候受到过排挤，不代表"我"的孩子也会有同样的经历。孩子完全可以和朋友们建立起深厚的友情，不能因噎废食，扼杀这种机会。父母的担心可以理解，但是，就算孩子遭遇类似的事情，我们也可以不让孩子重蹈覆辙，完全可以积极出面帮助孩子应对问题、克服困难、疗愈伤痛。你早已远离了学生时代，却仍然没有从当时的阴影中走出来，这不是因为你太笨，而是因为没有得到适当的治疗和帮助。有很多办法可以保护孩子不受到集体霸凌，不必过于担心。

校园暴力是很多父母担心的问题。假如孩子突然不敢和父母对视，或者很容易被声音吓到、回避对话、偷偷流泪、食量减少、不想上学、出现睡眠障碍，一定要弄清楚具体原因。可以用轻松的语气问孩子："最近在学校怎么样？有合得来的朋友吗？有些孩子喜欢招惹别人，你们班有没有这种调皮捣蛋的同学？""不管什么时候，妈妈都会保护你的。妈妈会无条件站在你这边，有什么心里话或伤心的事，随时都可以告诉我。"可以像这样，永远把朝向孩子的大门敞开。

假如孩子在学校确实被孤立了，父母应该尽快与班主任见面，并进行有效沟通，不能表现出消极、无所谓的态度。事情发生后，父母应该主动和孩子对话，保护好孩子。假如孩子说："妈妈，大家好像都不喜欢我。"父母千万不能忽略孩子的情绪，对此视若无睹，比如说："小时候都这样。他们是在开玩笑啦。"但也不能反应过度："什么？谁啊？快告诉我！"然后怒气冲冲地给对方的父母打去电话，大人之间展开口角。这样的话孩子就会想："我就不该告诉大人，这下可好，事情闹大了。"以后孩子有事也不会告诉父母了。

有些孩子遇到事情宁可憋在心里，也不向父母倾诉，这是父母最担心的。从小就被父母严格管教的孩子会因为担心挨骂，所以不把事情告诉父母。反过来，父母天天把"你真懂事""你是最棒的"挂在嘴上的孩子，也可能会因为担心父母失望，而不主动说出自己遇到的困难。经常表扬孩子固然好，但父母还应该经常向孩子传递这样的信息——孩子随时都有可能经历危机，遇到困难。要反复告诉孩子："你是个优秀的孩子，爸爸妈妈都为你感到自豪。但是，在你的这个年龄，还有很多事情是很难一个人解决的。遇到难题记得多和我们商量，爸爸妈妈会一直站在你的身后，支持你、帮助你。"

有关孤立问题，还有一点需要注意。那就是，每一位家长都需要思考——我的孩子会不会在学校无端排挤其他孩子？孩子既可能是受害者，也可能是加害者。父母眼里天真烂漫的孩子，在学校里也可能会欺负、孤立别的同学。比如，当很多同学都孤立一个人的时候，孩子也可能受这种氛围的影响，失去自己的正确判断，加入加害者的阵营。作为家长，应该具备这种意识，及时观察、留意孩子的动态，这样才是合格的父母。

小时候经历过被孤立的心理创伤的人，成为父母以后怎么办呢？你需要一个治愈的过程，同时，这也是学习如何成为一个好妈妈（爸爸）的必由之路。作为父母，我们都需要学习如何与他人相处、如何处理人际矛盾。人与人的关系中，最重要的一点就是力量的均衡。不是使用拳头的那种武力，而是一种内在力量的平衡。这一点对每个人都很重要。

为了维持内在力量的平衡，不管对方做出怎样的反应，只要我们认为正确，就可以用正常的方式、不带任何攻击地表达出来。这一步的关键是"不管对方做出怎样的反应"。世界上有很多种人，我们无法预测所有人的反应。请记住，我是通过正常的方式表达的，对方因此生气也是对方的问题，而不是我的问题。

　　曾经的人际关系受挫，也许会导致你不敢表达自己的想法。下次遇到和自己走得不太近的其他孩子的妈妈，你可以说："上次没多聊一会儿，真是遗憾。""今天能和你交流很开心，以后我们经常见面吧。"请多多练习这些话，学习把自己的想法正常地表达出来，这既是治愈自己的过程，对培养孩子的社会性也会有很大帮助。

## 为什么要如此抱歉？
## 负罪感绝不是母爱

韩国人心目中的母爱，往往和负罪感无法分开。因此，韩国的妈妈大多对自己要求很苛刻。社会大环境公认的母爱，意味着忍受痛苦，以及奉献自己。经过长时期的忍耐和牺牲，生下身心健康的孩子，并培养孩子成才，这是大环境要求的"母亲"这一角色需要承担的义务。只要稍微偏离一点标准，妈妈们就会感到内疚。孩子不好好吃饭、经常感冒、个子矮、长得胖、举止异常、情绪不稳定、学习成绩不好，甚至患有先天性疾病，妈妈们都会觉得这是自己的错。我可以理解作为妈妈感到担忧的心情，但妈妈们实在不必对自己过于苛责。

当初生老二的时候，我没能跟老大打招呼，因为突然开始阵痛，就马上去了医院，在产后护理中心期间也一次都没见过老大。大人们都说，孩子看到妈妈会更难过，建议我先不要让老大过来。那些日子孩子每天和爸爸在一起，一周后我回家了，可老大见到我就说讨厌我，根本不让我靠近，只认爸爸。老大也不喜欢弟弟，不是抓弟弟，就是换着法欺负弟弟。要么动不动就躺下撒泼，一哭就是一个小时。就是那一周的时间，一切都被毁了。我应该和孩子说一声再走的……哪怕视频通话一下也好啊……我没有好好安抚他……他还不到两周岁，我就给他留下这么大的伤害。很多次我都抱着他说："对不起，是妈妈错了，原谅妈妈吧……"我要怎样做，才能抚慰孩子的伤痛呢？

人们都说，妈妈从生下孩子的那一刻起，对孩子的爱便开始了。那么爸爸呢？其实爸爸也同样深爱自己的孩子。认为母爱大于父爱，这种想法是错误的。妈妈不在孩子身边的时候，有爸爸陪着也是可以的。孩子更喜欢和爸爸玩，而不是和妈妈，这也不是坏事。只要爸爸能照顾好孩子，这未尝不是一件好事。妈妈和爸爸的角色不是绝对的，而且妈妈无须独自承担所有的育儿重担。

那么，为什么妈妈会有如此大的负罪感呢？就拿感冒来说，孩子在成长过程中会感冒，这是极其正常的事情，通过战胜感冒的过程，人体可以提高免疫力。可是，一旦孩子发烧，开始哭闹，妈妈们就会感到抱歉，这种感受几乎是根深蒂固的。这会带来怎样的问题呢？答案是，妈妈过度的负罪感会使孩子的情绪不稳定。就算妈妈没有对孩子大声喊叫或者动手，无形之中的情绪也会让孩子感到不安。

老大仅仅是出于对老二的嫉妒，才会有如此之大的反应吗？和妈妈分开的那一周，影响真的如此之大吗？有必要对孩子如此痛心疾首吗？所有的父母都不可能完美，也会犯错。不管怎样，父母都应该坚持一贯的理念来对待孩子，不能因为感到抱歉，就无视孩子的问题和错误。

父母应该成为孩子不变的灯塔，这样孩子才会安心。要实现这一目标，有一点是必须要做到的，这就是立规矩。从孩子满三周岁开始，大人就要给孩子立规矩。当然，在此之前也要持续地教给孩子对错，比如用坚决的眼神和声音告诉孩子什么是对的什么是错的，什么可以做什么不可以做，以及应该做的事情无论多么不愿做也要做好。要带着深深的爱和坚定的责任感，明确地告诉孩子应该遵循的规则。把孩子视为独立的个体，设定一定的边界，也许孩子会稍微累一些，但这并不代表父母不爱孩子。

要想与他人和谐相处，就要遵守一定的规则。但是，过度的负罪感会让大人担心孩子不高兴，担心孩子不爱笑了，担心孩子受到伤害，担心孩子讨厌妈妈，等等。这样就会错过很多作为父母必须教给孩子的东西。如果不能很好地教育孩子，父母便会缺乏成就感，从而对育儿失去自信。虽然父母最好不要让孩子感到害怕，但是，父母必须给孩子立好规矩，教育孩子做一个遵守规则的人。

有的父母非常"善良"。他们几乎一次也没有对孩子说过"不行"，对孩子百依百顺，只要孩子能露出笑脸，自己不惜做牛做马。只是，过于"善良"的父母，养出来的孩子却往往不"善良"。这些孩子越长大就会越不听话，越不服从父母的管教。父母一直努力照顾孩子的情绪，孩子的情绪却越来越不稳定，甚至走向极端。这种时候，有的父母很可能会打退堂鼓，比如有的妈妈会用心灰意冷的语气说："我不想当妈妈了。"

这些父母的本意是好的，他们不想给孩子带来伤害，这种心意源自他们对孩子深深的爱。但是，无论本意多么好，如果不能坚守一定的原则，其做法反而可能对孩子起到负面作用，因为孩子有可能会因为父母的态度而感到困惑。

教育孩子的过程中，不可能一次都不产生矛盾。父母也好，孩子也好，都不可能对对方完全满意，发生不愉快是很正常的。有的父母从来没对孩子发过火，也没批评过孩子，这样反而更让人担忧。也许他们想的是"孩子还小，以后大了就好了"，或者"我可不能眼睁睁地看着孩子难过，算了吧"。其实这种做法是错误的。如果孩子确实做错了事，父母一定要批评孩子，错了就是错了。同样，作为父母，也应该学会倾听孩子的意见。通过父母这一安全的窗口，孩子可以吐露内心的不快，并由此学会与人沟通。这样长大的孩子，才懂得和他人分享感情、沟通问题。

这个世界上没有谁是天生的育儿天才。无论是谁，都应该虚心学习。父母也会犯错，也有不得已的情况。孩子经历了这样那样的困难，并不意味着父母不爱孩子。比起犯错的时间，还有比它多出百倍的时间在等着我们。不要对曾经的错误耿耿于怀,如果当初没有那么做,自然不会留下遗憾,可是事情已经过去了,只要认识到"原来我有这样的一面",确定好教育孩子的方向,今后减少同样的失误就可以了。孩子们比想象中更容易原谅父母,只要父母伸出手,孩子很快还会抓住他们。

## 适度的管教是必需的，
## 但不要过于严厉

父母都希望孩子能成长为幸福的人。要想幸福，就要懂得应对负面情绪，比如不安、焦虑、哀伤、怒气、绝望、挫折等。当然，就算可以很好地应对这些情绪，也不能保证我们总是幸福的，但大体说来，情绪稳定的人更容易感到幸福。要想使孩子拥有这样的能力，三周岁以后的教育非常重要。

那么，为什么要从三周岁开始呢？孩子在成长中会逐渐学习建立与他人和世界的相互关系，而且不同阶段会有不同的特征。一周岁以上的孩子，即使大人把东西藏起来，他们也能知道这个东西在什么地方。比如我们把东西藏到身后，孩子会来到我们身后，盯着我们的手。两周岁的孩子就算看不到大人，也能猜出大人在哪里。比如妈妈和孩子玩了一会儿，然后去了洗手间，这时孩子也知道妈妈在什么地方。三周岁的孩子已经可以判断出妈妈是爱自己的，即使妈妈没有满足自己的要求、不在自己的视线范围之内、露出不高兴的表情、看到自己的时候没有说"宝贝，宝贝，我爱你"，孩子也知道妈妈爱自己的心一如既往。因此，最好从三周岁开始给孩子立好各项规矩。

立规矩意味着给孩子的行为划定边界，所以少不了要说"不准""不要"。每个孩子的情况都不一样，但一般来说，可以接受这句话的基础年龄是满三周岁。而且，三周岁的孩子已经具备了自我意识，会说话，也能听懂别人的话。因此，这是给孩子立规矩的最佳时期。

如果孩子还不满三岁，父母该怎么做呢？孩子本来就不容易听话，这是由孩子的特点决定的，不满三岁的孩子当然更不听话。但是，父母仍然要教给他（她）对错。如果孩子还不满三岁，大人只需要重复一些简短的句子就可以了，太长的话孩子理解不了。但如果父母太过严厉，孩子可能会对父母的爱产生怀疑，从而感到不安。父母在对孩子进行干预的同时，还需要对孩子行为的后果进行充足的预防，采取一定的保护措施。例如，两岁的大儿子经常把一岁的弟弟推到客厅地板上，这时候大人除了直截了当地告诉他"不可以"，还应该在地板上铺上松软的垫子，防止孩子磕伤。

从孩子三周岁开始，父母就要帮助孩子学习克服日常生活中的困难，这是所有孩子的必修课。比如，有一些坏孩子总是欺负我们的孩子，这时我们一定要帮助孩子远离这样的伙伴。但是，假如孩子身边的朋友都是普通孩子，行为也中规中矩，那就不要轻易把孩子从这个群体中剥离出来,也不要处处插手干预,一直偏袒自己的孩子。只有这样,孩子才能学会融入集体。孩子最先需要学习的是:有些事情不可以做,有的时候需要忍耐,还有的时候需要学会等待。但是教育孩子的时候,不能大喊大叫,也不要大发雷霆,言语和行为不要带有攻击性。语气要坚决,但情绪上要让孩子感到安全。

让我们设想一下,假如我们的孩子和很多小朋友在一起排队,只要和别人稍微发生碰撞,孩子就又哭又闹,这时我们该怎么办呢?需要告诉孩子,就算现在的情况让他(她)感到有一些不舒服,也要学会忍耐。毕竟我们不能一一嘱咐别的孩子,千万不要碰到我们的孩子。还有,孩子们一起玩的时候,经常互相抢玩具,这个时候只需教会孩子说:"还给我!"而不是一一告诉所有的孩子:"不要抢我们孩子的玩具。"孩子一到大型超市的玩具区,就哭着闹着要求大人给自己买玩具。孩子的脖子上青筋暴起,号啕不止,让人不由担心这样下去会不会哭坏身子。但是,我们毕竟不能把全世界所有的玩具都买下来。克制自己对某种东西的占有欲,这也是孩子需要学习的。

要想学会与他人相处,孩子需要学会历练和克制。每个成长阶段都是这样,不同点只是经历的事情不同,数量也不同而已。父母帮助孩子顺利度过每一个阶段,这既是给孩子立规矩的过程,也是教育孩子树立起个人"责任感"的过程。如果没有很好地教给孩子这一点,孩子便很可能遇到一点问题就开始埋怨别人,却意识不到这是自己的原因,他(她)不会认为即使感觉不舒服也要面对，就算心里很生气也必须忍耐，而是会想："他们怎么能这样对我？"因为他（她）很少从自己身上找原因。所有的责任最终还是要由本人来肩负，如果学不会这一点，今后的为人处世也会遇到很多困难。

孩子惹了麻烦的时候，父母的反应大致可以分为两种。一种是彻底帮孩子扫清障碍，另一种是狠狠教训孩子一顿，让他（她）下次再不敢犯。如果采用第一种方式，孩子会很难理解作为一个人需要承受的东西，他（她）会永远长不大。父母一边连声应着"行，行""好，好"，一边帮孩子收拾烂摊子，孩子怎么可能学会承担责任呢？第二种方式，如果把孩子训得太厉害，孩子很可能产生逆反心理，自暴自弃，也可能走向另一个极端，凡事畏手畏脚，不敢放手去做。如果把人生看成是建造高楼大厦，要想夯实地基，在教会孩子道理的时候，一定要让孩子在情绪上感到安全。父母的态度可以坚决，但绝不能让孩子感到恐惧。

有些父母认为给孩子立规矩很重要，所以对待孩子非常严厉。立规矩的本质还是教育，但有些父母动辄大发雷霆，偶尔还会打孩子。这样的家庭，孩子见到父母就像老鼠见了猫。有的父母发完火知道自己错了，之后会很后悔，这时应该告诉孩子自己不该那样，现在很后悔。等心情平复下来之后，应该马上向孩子道歉。当然，孩子可能会在心里想："每次都这样，然后下次还是会发火。"这时我们可以说："每次发完火又后悔，真的很不应该。不过，爸爸也是人，也有难以改掉的缺点。总之，我不该发那么大的火，对不起。"父母应该诚实地告诉孩子，自己有时候也会控制不好情绪，也有不够成熟和幼稚的一面。

在家里总是板着一张脸的父母，也会让孩子感到害怕，其恐惧程度不亚于面对经常发火、有暴力倾向的父母。在这样的父母面前，孩子会感受到一种无法接近的距离感和隔阂。作为父母，一定要尽量对孩子随和、慈爱一些，不应该让孩子感到害怕。这个世界上，可怕的人和事已经很多了，可怕的大叔、可怕的前辈、可怕的流氓、可怕的人贩子、可怕的小偷……如果连爸爸妈妈都变得可怕的话，孩子要到哪里才敢放心地敞开自己的心扉呢？"恐惧"这一情感本身就代表着一种压力，如果父母让孩子感到害怕，孩子从出生开始，一直到独立，都要与这种压力为伴，这是何等残忍和悲伤的事情。生养自己的父母，本应是这个世界上最能让自己放松和自在的人啊。

如果问父母养育孩子的过程中什么时候最辛苦，那些孩子还小的父母会回答说孩子生病的时候最辛苦；而孩子稍微大一些的父母会回答说，孩子感到心痛或绝望时，父母是看在眼里，疼在心里。还有，父母和子女因为学习或成绩等问题闹别扭的时候，大人也会很辛苦。那么孩子们呢？孩子们大部分回答说父母让自己感到害怕的时候最难受。不管是情绪上的伤害，还是身体上的伤害，都会让孩子的内心感到非常痛苦，不管是小孩子还是大孩子，都是这样。所以，父母一定不要让孩子感到害怕。

请不要对孩子发火,只轻飘飘说一句"当时真的压不住火才那样的"。"压不住火"不是父母可以随意发火的理由。对父母来说,这只是一时的愤怒,但对孩子来说却是无比恐惧的时刻。孩子最怕的就是这样的时刻,请不要让他们幼小的心灵因此受到伤害。

## 为什么只有我们家孩子这么不听话?

经常听到一些因为子女问题而头疼的父母问我:"院长,我家孩子怎么这样呢?"他们觉得别人家的孩子似乎都很听话,唯独自己的孩子特别不好带:不听大人的话,什么都做不好,干什么都慢,真是让人一点法子都没有。

每当这个时候,我回答的第一句话都是:"别人家的孩子也是这样的。"前面说过,不听话是孩子的天性,经常犯错也是正常的。孩子们还没有接受多少教育,当然会有很多做不好的地方。之所以会觉得只有自己的孩子有问题,是因为你的眼里只有自己的孩子,别人家的孩子不过是浮光掠影。我们和自己的孩子待在一起的时间最多,偶尔看到孩子不懂事,就会拿他(她)和别人家的孩子对比,然后感到担忧。事实上,其他家庭的孩子在自己父母面前也和我们的孩子一样,经常不听大人话,经常犯错。

如果孩子确实过于叛逆，举止异常，甚至与同龄孩子相比发育严重滞后，那就真的要引起父母重视了。这时，最好积极寻求专业人士的帮助。假如专业人士给出的建议是"问题不大"，父母却仍觉得孩子的问题比较严重，就应该反思一下自己是否控制欲太强了。控制欲越强的人，越容易发现对方不成熟的一面。控制型的人大部分都容易焦虑，这种焦虑源自内心追求完美的强迫思维。在一百件事情当中，哪怕有九十件都做得很好，他们也只能看到做得不好的那十件。正因如此，这类父母特别容易发现孩子身上的不足之处。

控制型的父母面对孩子的时候，经常产生这样的想法："我认为你可以做到，可是为什么你如此令我失望？""我明明告诉过你不要这样，为什么你就是改不了？""你是我无比用心养大的孩子，怎么会连这点要求都达不到呢？""我为你付出了这么多的努力，这么多的爱，难道你不应该做出改变吗？"

"我家孩子经常感冒，所以我每天都告诉他，从外面回来以后要先洗手，我嘴皮子都要磨破了，可他还是记不住洗手。""我没有逼孩子熬夜学习，也没要求他必须考第一。我给他买书，送他去补习班，带他去游乐园，几乎有求必应，他怎么还学习这么差呢？""我对孩子真的没有太高要求，她只要记得擦鼻子就行了。可她每天都忘记擦鼻子，天天挂着鼻涕。怎么这么不听话呢？"在我听来，这些话语中反映出的都是父母的控制欲。当然，这些要求都是对的，比如让孩子洗手，还有擦鼻子，这些要求并不过分。但如果孩子没有很好地听话，做父母的就忍无可忍，几乎要发疯，那就不正常了。为人父母，一定要向孩子灌输正确的道德观念、社会规则等，至于生活上的细枝末节，当然也需要反复提醒、训练孩子，但我们无法要求孩子完全按照自己的要求去做。我们能做的，只有让孩子慢慢理解，慢慢学会。

经常听到一些妈妈向我诉苦："孩子总是不听话，我真的很累。"我一般会说："孩子们本来就是这样。我想问一下，您可以做到完全听从自己的内心吗？"大部分妈妈都会回答说不能。这时我会说："您看，就连我们自己也做不到完全听从自己的内心，别人就更不可能完全听从我们的心意了。"从剪断脐带的那一刻起，孩子便成为一个独立的人。虽不是和我们毫无关系的"外人"，却是不再依附于母体的、独立的人。希望孩子的一举一动都符合我们的心意，这是过度的控制欲。自我控制意味着"自我调节"，法律和秩序等对他人的管控措施关乎国家和社会的安全稳定，家庭是一个小型社会，也需要适当的管控。但是，过度的管控会伤害亲子关系，也不利于孩子的心理健康。

长久以来，我们的文化当中存在着一种错误的认识，即，对自己珍视之人的干涉意味着爱。因此，我们很容易在无意识中流露出强烈的控制欲，恋人之间、夫妻之间、父母和子女之间都是如此。明明是在控制对方，却坚称这是出于太爱对方。而且，即使因此让对方受到伤害，我们也坚信自己很容易被原谅。可是，过度的控制绝不是爱，过度干涉也不是为了对方，而是为了自己。请静下心来想一想，这真的是爱吗？

假如孩子的行为确实需要改进，父母应该和孩子站到一起共同面对，而不是通过指责和控制解决问题。有一个七岁的孩子，没事就会吸吮自己的手指，因为这个习惯，她的几个手指头已经开裂、流血了。这时如果父母说："我不是叫你别吸手指吗？再敢这样的话，看我不收拾你！"这样说的话无异于站到孩子的对立面，和孩子形成对抗的关系。一旦形成这种格局，孩子便会产生"绝对不能输"的念头，哪怕较劲的对象是自己的父母。孩子不一定是故意为之，而是出于一种本能。这样一来，孩子就很难乖乖听从父母的话，改掉毛病。父母与其采用对抗的方式督促孩子改正问题，不如和孩子达成统一战线，共同想办法解决问题，这样反而更容易。

如果孩子有需要改正的行为，第一，请和孩子产生情感上的共鸣。"你的手指都裂口、流血了，肯定很疼吧！我相信你也不想这样，但总是控制不住自己，对吗？你自己是不是也很苦恼？"第二，让问题浮出水面。"但是，一直这样下去的话，情况会越来越严重。不能再这样了，你也知道的，对不对？"这样说的话，大部分孩子都能认识到问题，并表示同意。第三，让孩子成为解决问题过程的主人公。"好，既然这是需要改进的问题，你打算怎么做呢？我想听听你的意见，同时妈妈也会帮助你的。"这样，我们就让孩子站到了问题的中心，认为自己就是解决难题的主人公，不会产生受到威胁之感，情绪也会比较稳定。如果取得了一定的进步，孩子会感到非常骄傲和自豪。

如果父母和孩子能在改正问题的过程中通力协作，就算没有马上改掉吸吮手指的毛病，孩子也能从中学到很多。最大的收获便是，孩子会明白，不管遇到什么困难，都可以和父母齐心协力一起解决，父母是自己坚定的支持者。另外，由于解决问题过程的主人公是自己，通过这一过程，孩子可以学会对自己的行为负责，懂得责任感是什么。最重要的一点，孩子不会无法开口向父母请求帮助，而会变得乐于接受父母的建议和帮助。

但是，即使父母积极帮助孩子，孩子也努力改正错误，由于某些行为早已成为习惯，一时之间恐怕很难彻底改掉。这种情况下，孩子感受到的失望绝不亚于父母。这时，父母一定要给予孩子足够的安慰。每个人的感受和想法都不一样，适用的方法也不一样。假如依靠一种方法没有取得理想的结果，不妨鼓励孩子尝试另一种方法。这个时候父母一定要有耐心，耐心地给孩子讲道理，耐心地和孩子一起等待，第二天继续和孩子一起努力，如此不断重复。

任何人都不能强迫别人做什么或不做什么，哪怕对孩子也是一样。无论如何严令禁止，错误的习惯也不可能在一朝一夕之间就完全改正。父母只有认识到这一点，才能在养育孩子经历的诸多挫折与期待中，获得一些新鲜的空气。

孩子应该听我的话，你在心中预设的这一大前提已经注定了育儿会很辛苦。那么，每天面对不听话的孩子，该怎么做？答案只有一个——就当作新的一天又开始了吧！我们昨天洗了脸，今天还要洗，因为新的一天又开始了。同样，我们昨天刷过牙，今天还要刷，因为新的一天又开始了。三十分钟以前说的话，孩子没能遵守，因为"新的一天又开始了"。正如我们需要不断洗脸，不断刷牙，新的一天总要到来。不要给孩子的行为赋予任何意义，再提醒孩子一遍就是了。育儿就是这样一天一天不断往前。这样想，心情便会舒畅一些。孩子又不听话了，那就告诉自己："啊，新的一天又开始了。"新的一天不断翻篇，又不断到来，这时请闭上眼睛，深呼吸一次，在心里告诉自己："新的一天又开始了。"作为一个妈妈，我也是这样养育孩子的。

## 不像孩子的孩子
## 才是最可怜的

孩子小的时候就应该像个孩子：不听话，不懂事，喜欢耍赖，喜欢缠人，调皮捣蛋……孩子只有在最像孩子的时候，才是最健康的。无论是谁，只有行为与年龄相符，才是健康的状态。给我的专栏写信的人当中，很多人从小就不得不独立。自己明明还是个孩子，却要照顾酒鬼父亲、取悦自私的母亲、照顾年幼的弟弟妹妹。周围的大人看到这样的孩子都会交口称赞，但事实上，大多数情况下这些都不是孩子真正的自发行为，而是为了得到父母的爱，为了能生存下去而不得不做出的选择。

人类有一种内心需要得到满足的依赖需求，它和人是否具有独立生存能力是完全不同层次的问题。被自己重视的人无条件接纳和珍视，需要爱的时候得到爱，需要安慰的时候得到安慰，需要保护的时候得到保护，这些就是依赖需求。但是，这种依赖需求得不到满足的时候，孩子会被迫变得成熟，呈现出

"假性独立"（pseudo-independence）。即，实际上有依赖需求，但表面上看起来非常独立。

小时候假性独立的人，会觉得人生的一切都像任务，生活中所有的事情似乎都是自己的责任，生活意味着无边无际的痛苦。但实际上，生活中并非所有瞬间都如此，既有悲伤的时候，也有高兴的时候，既有疲惫的时候，也有放松的时候。但是，没有从他人那里得到过任何照顾和帮助的人，有时会觉得人很麻烦。与人打交道很烦，出门也很烦，因为这意味着要花费精力。有些时候，孩子也让自己觉得很烦，这种情况下，育儿只能是一件苦差。

让人难过的是，假性独立的人很有可能会要求年幼的子女表现得成熟。他们会觉得，我在没有任何人帮助的情况下也能把一切安排得井井有条，为什么你却什么都做不好呢？你怎么这么不懂事，让我这么辛苦？从某种角度看，他们希望从子女那里得到的，也许是从未从父母那里得到过的安慰。可是，孩子做不好事情很正常，因为他（她）只是孩子。孩子还小，就要分担父母的义务，这是不合理的。同样，要求孩子像自己一样"成熟"也是不合理的。

一些父母在疲惫的时候，往往会要求家中最大的孩子或者最听话的那个孩子替自己承担一部分义务。小时候基本不让大人操心的孩子、成为模范的孩子、听话的孩子、总是替父母考虑的孩子，很多都属于假性独立。这是十分值得警惕的事情。我经常说的一句话是"什么年纪干什么事"。再优秀的孩子，如果年龄尚小，也有自己力所不能及的事情。成长需要时间，过分要求孩子成熟，要求孩子承担他（她）本不必承担的责任，无异于拔苗助长，很容易引发问题。

父母过分要求孩子成熟，势必会产生副作用。比如，今后孩子遇到困难的时候，会羞于向他人请求帮助，他（她）会认为向他人寻求帮助是无能的表现。他们发自内心地觉得，"自己这种样子不是父母所希望的"，这种羞耻心会导致他们从来不敢轻易开口寻求帮助。他们对自己的决定和行事方式缺乏信心，也无法区分哪些事情需要自己亲力亲为，哪些需要他人帮助。

"我相信你。但是每个人的一生中都会遇到困难，你的年龄还小，经验也不足，成长过程中遭遇危机是很正常的。遇到难题了，可以和家里商量，不用犹豫，告诉爸爸妈妈，我们一起来想办法。"父母要尽好自己的责任，不能只简单说一句"我相信你"就不了了之。

孩子较多的家庭里，经常有一个孩子特别不听话，但通常来说，父母总是对这个孩子格外关切，其他孩子则往往无法理解父母的这种做法。明明自己那么听话，那么守规矩，可父母每次都偏袒那个喜欢惹事、给家里添乱的孩子，其他孩子很容易因此对父母产生不满，同时对"惹事精"产生憎恨。他们还会一面觉得父母可怜，一面陷入"我这么听话，父母为什么这样对我"的疑惑，认为父母的做法不够公平，并为此难过。还有，那些听话的孩子更容易因为父母产生心理负担，他们会想，"至少我不能让父母那么操心",即使感到难过或不满,也无法对父母开口说出实情,这会带来很多问题。

因此,父母有必要对孩子做出适当的解释。不能只拿"他是弟弟嘛""因为你是个听话的好孩子嘛""你小的时候还不如他呢"做借口,强迫孩子理解。你可以说:"弟弟这样做确实不对,需要改正。不过,我们问过专家,专家给出的建议是,弟弟这个年龄还可以继续观察,所以妈妈才那样。妈妈并不是在偏袒弟弟,希望你可以理解。"还有一些话是一定要对那些听话的孩子说的:"照顾弟弟是父母的事情。如果弟弟让你觉得很累,一定要告诉妈妈。需要爸爸妈妈帮助的时候,随时都可以告诉我们。千万不能因为怕妈妈累,就忍着不说。告诉妈妈的话,妈妈会更高兴,这是在帮助妈妈。"

如果子女当中有人身患残疾,父母也要记住,需要对患儿负责的是父母,而不是其他子女。其他子女只要懂得互相友爱,体谅身体不便的兄弟姐妹就可以了。无论多么困难,父母的责任都要由父母来肩负,孩子无法代替父母。每当有父母带着身体不便的孩子前来咨询,我一定会让他们把家中其他的孩子也一同带过来。我会对他们说:"不要担心弟弟(或妹妹),你只要幸福地过好自己的人生就可以了。你要健健康康地长大,拥有幸福的人生,这才是对弟弟(或妹妹)最好的帮助,没有必要觉得自己应该照顾弟弟(或妹妹),需要照顾这个孩子的是父母,是像我一样的人。"

不管是出于哪种原因，假如一个人从没有真正做一回小孩，我的建议是，请重新回到子女的位置上。请告诉父母，自己很辛苦。还有，不要再做父母的父母了。假性独立的人当中，很多人内心深处总是存有期待，希望有一天自己会得到认可。因此，他们恨自己的父母，却仍不由自主地固守在离父母最近的地方。从现在起，请和父母保持距离吧。小时候没有得到满足的依赖需求，可以在亲密关系中实现。对我们而言，配偶是非常珍贵和重要的人，我们完全可以把自己的问题告诉对方，以获得情绪上的保护和安慰，很多缺憾也可以借此得到弥补。

至于我们的孩子，请让他们停留在适合自己年龄的位置上。如果孩子犯错了，可以告诉他们说："没关系，你现在还小，慢慢学就可以了。"如果实在不知该怎么说，也可以把这些话背下来说给孩子听。

最后，我想对那些不得不"假性独立"的人说：我知道你一直尽心尽力，几乎花光了所有的力气，我想为你的坚持鼓掌。你一定非常累，包括现在这一瞬间。但是此刻，你可以松口气了。有纰漏也没关系，偷懒也没关系，尽情休息也可以。在这个世界上，在这个宇宙中，最珍贵的人是我们自己。没有我，这个世界会有所不同。请不要忘记这一点。

## 无论何时，
## 父母都应该向孩子伸出援手

在父母和孩子的关系当中，无论哪一方的问题占比更大，父母都应该率先做出改变。即使孩子不听父母的话，父母也要给自己做好心理建设——只要我有所改变，孩子也会越来越好的。之所以这样说，并不是说孩子所有的问题都是父母造成的，也并非一切责任都在父母，而是因为，即使孩子有问题，假如父母采取更好的方式对待孩子，情况也会比现在好得多。

儿子一上小学就迷上了玩游戏，现在上了高中，几乎到了游戏中毒的程度。每次他都借口上网课，偷偷玩游戏。我关过路由器，没收过鼠标，也和他说好了只有周末可以玩，但最后都没有用。哄也哄过，骂也骂过，也警告过，可最后还是老样子。我问他："长大后你想做什么？"他说没有想法。平时问他话，他也很少回答。他不像所谓问题少年那么叛逆，但意识不到自己的问题,也没有改变的想法。如果这样等下去,有一天他会醒悟吗?

生活中,每当有人过于专注于某种事物,人们就会只看到表面的行为,并将此称为"中毒",天天挂在嘴边。孩子问题严重的时候,父母也是如此。比如妈妈整天数落不爱吃饭的孩子,孩子刚从幼儿园回来,妈妈就追着问:"今天在幼儿园吃饱了吗?都吃什么了?"到了吃饭的时间,又说:"不吃的话我就收走了,等会儿饿了也没饭吃。"爸爸也是开口闭口都是吃饭:"她今天又没好好吃饭,感冒肯定也是因为不好好吃饭。""游戏中毒"的孩子家里很有可能也经常发生这种对话。

经常发生这种对话的家庭里,父母和子女之间很难积极沟通。每个人都会经历儿童期、青少年期、成人期,每个时期都会与父母发生各种相互作用。有时父母会批评孩子,有时会鼓励他们,或为他们提出建议,通过父母的话语,孩子会产生自豪感,或反省自己。但是,上文中的孩子在初中和高中期间一直因为游戏问题被父母批评,为了让孩子改掉玩游戏的习惯,大部分时间父母都在发火、没收电脑、想方设法阻止孩子玩游戏。双方对话的主要内容也是有关控制与制裁、指责与控诉,以及"我无法对你的人生负责"之类的威胁。这些都不是有效沟通。

当然,孩子确实有问题,而且必须得到改正。但是,如果想改善目前这种状况,父母和孩子之间需要有积极的相互作用。

如果成长过程中缺乏和父母的积极互动，孩子在与父母的关系中就感受不到快乐。这里所说的快乐并不是指信任或幸福这类东西，而是因为一点小事全家集体哈哈大笑的记忆，一起品尝美食的记忆，通过抱歉、感谢、埋怨等经历，让一家人的心贴得更近的感受。孩子没有这样的经历，如何能和父母就"游戏中毒"这么严肃的话题进行沟通？

我在想，孩子该有多孤单啊！他们进入青少年期以后，身高快速增长，父母看到孩子的个子比自己还要高，便会错误地按照成人的标准要求孩子。但是，高中生也是孩子。那些既不反抗也不说话的孩子，心里在想些什么呢？哪怕对父母大声喊叫和发脾气也好，什么都不说的话，情况更糟糕。人在与父母的关系中体会不到信任和依赖的时候，情绪就会变得不稳定，为了寻求稳定，人便会寻找可以让自己沉溺其中的东西。对孩子来说，这个东西很可能就是游戏。

那么，现在应该怎么做呢？最需要的就是恢复家庭的沟通。现在还来得及吗？当然来得及。首先不要再和孩子进行与游戏相关的对话了，这是孩子最讨厌的主题。他自己也不想这样，只是暂时还做不到。如果每次都谈论这个主题，孩子就会越来越拒绝对话，最终陷入深深的无力感，他会觉得自己很没用。请尝试着说点别的什么，比如："有没有什么需要的东西？妈妈给你买。""学校食堂的饭菜好吃吗？有特别想吃的东西吗？""你最近又长高了，衣服有没有变小？要不要再买件衬衫？"

有的父母可能会说："天天玩游戏，我还给他买衣服？"首先，请改变这种想法。要知道，孩子的问题不可能在短时期之内完全改观。如果一个人几乎从未和亲近的人谈论自己的生活，长大成人之后很可能重蹈覆辙，和自己的配偶以及子女之间也会遇到同样的问题。因此，请从现在做出改变。需要记住的一点是，建立信任关系不是孩子的责任，而是父母的分内之事。孩子只有在觉得父母快乐、有趣、值得信任的时候，才会乐于和父母进行沟通。

一位妈妈告诉我，她的孩子很不听话，问什么也不回答，她根本没法和孩子对话。她问我："我该怎么做呢？""我应该进行怎样的努力呢？""我总觉得，孩子好像很讨厌我。"她又问我："有讨厌自己父母的孩子吗？"很多父母虽然不期待子女爱自己，但无法接受子女讨厌自己。有些时候，孩子确实会不喜欢自己的父母，但那不等于讨厌。虽然孩子表现得似乎很讨厌父母，但内心的想法却不一样。父母不应该只对孩子"讨厌"自己感到失望，而应该寻找其内在原因。大多数时候，从这些原因当中能够折射出父母应该帮助孩子的地方。

如果孩子一直沉默，请不要说："说啊！你倒是告诉妈妈啊，你说了我才能知道是什么啊！"而是要认真地想一想："如果孩子跟我开口，他（她）最想说的是什么？"孩子"砰"地关上了自己房间的门，这时候请不要说："喂，我话还没说完呢，怎么这么没教养！"而是要认真地想一想："孩子为什么会这样？他（她）传达的是一种怎样的情绪呢？"我并不是让大家对孩子无条件忍气吞声，我的意思是，要想更好地教育孩子，首先要理解对方。孩子并不只是用嘴来表达,他们既会通过话语来表达,也会用行动来表达。那么,让我们认真思考一下,那些没有用语言表达出来的东西是什么?它们传达的,又是孩子怎样的心情呢?

## 放轻松，
## 育儿不需要小题大做

一位初中二年级的女孩突然退学了。她知道自己需要上学，也想上学，但一想起上学就惴惴不安。学校里没有人欺负她，相反，朋友们都催她赶快回到班级。也就是说，女孩的人际关系并没有问题。父母尝试过搬家、给她转学，但都没有用。孩子的父母工作稳定，人品端正，对治疗也很积极。女孩家里还有一个哥哥，兄妹两人的关系也不算差。总体来看，女孩家中的氛围和父母的养育态度都没有太大问题。

但是，孩子的状态非常不安，简直像惊弓之鸟。是什么让孩子变成这样的？经过反复问询，我终于了解到，女孩的印象当中，有这样一件事情。那是在她小学低年级的某个晚上，那天女孩没有洗漱就睡着了，睡梦中她听到妈妈对自己说："起来洗漱一下吧。不洗一下就睡觉怎么行呢？"虽然听到了妈妈说话的声音，但她实在太困了，怎么也睁不开眼睛。就在这时，耳边突然传来爸爸雷鸣般的怒喝："让你洗漱，还不赶紧起来！"说着，爸爸一把将她拉了起来，拖进盥洗室。女孩害怕极了，愣在盥洗室门口不进去。结果，用孩子的话来说，爸爸一下子把她提起来，扔进了盥洗室。女孩告诉我，那个时候实在太恐怖了。

我对女孩说："这是一件小事……"女孩回答说："是啊，院长。确实不算什么大事。""没错，不算什么大事。其实爸爸完全可以说，今天就先睡觉吧，明早起来再洗漱。"女孩马上说："就是啊，就是啊。我又不是每天都这样，那天实在是太困了才那样的。"说完，女孩哇哇大哭起来。当然，让女孩感到不安的原因也许不仅仅是这件事，其背后可能有着更为复杂的成因。

这些年的咨询中，我经常遇到一些喜欢小题大做的父母。还有很多幼年时期被父母伤害过的人会回忆说，事情的起因大部分都是一些微不足道的小事，比如从外面回来后没有马上洗手，这时父母就会大声训斥，甚至动手打自己，最后闹得全家鸡犬不宁。

我认识一位年轻的妈妈，小时候的她只是一个平凡的孩子。她会犯错，学钢琴的过程中也会弹得不好，在学校听写单词会出错，有时能考好，有时考不好，有时不想学习，也有的时候能静下心来用功，偶尔会说小谎，偶尔不把衣服在衣架上挂好，偶尔睡懒觉，偶尔丢三落四……按理说，这些都是普通孩子容易有的行为。但是，只要她做错事情，母亲瞬间就会拉下脸来，训斥她，甚至打她，毫不手软。其实在她那个年龄，这些问题都很常见，但母亲对她却尤其苛刻。

在她的脑海里，从小就被植入了"只要犯一次错误，就会永远被讨厌"的意识。为了达到标准，她必须成为一个完美的人。但她没有信心做到完美。这怎么可能呢？她为自己的无力感到羞耻。深深的挫败感已经在她的心里扎根，为此她一直缺乏自信。这样的人在养育子女的过程中该有多么忐忑，多么彷徨呢？不管多么有能力的人，在养育孩子这件事上也容易不自信，甚至束手无策。育儿本就是如此，没有哪个父母是完美的，只要尽自己最大的努力就可以了。如果发现做错了，立刻反省，第二天改进问题即可。当然，没人可以保证第二天就一定能做好，如果又犯了同样的错误，继续反省和改正便可以。

其实追究起来，问题的起因都是一些鸡毛蒜皮的小事，为什么做父母的不能心平气和地告诉孩子，一定要情绪激动呢？父母让孩子从外面回来后第一时间洗手，应该是为了教给孩子正确的卫生观念。那么，我们可以这样告诉孩子："从外面回到家里，一定要先洗手哦。洗手不是为了妈妈，而是为了你的健康。我们手上的细菌超级多呢。"如果孩子不肯马上洗，稍微等一下即可。还有一位妈妈告诉我，她说每次孩子不听自己话的时候，她就会想："你现在才五岁，就敢不听我的话，嬉皮笑脸的，根本没把我放在眼里。等长大了还了得？"我问她："请问您今年多少岁了？"妈妈回答说"三十八岁"。我说："您比孩子多活了三十四年呢。"她听到后大笑起来："没错，您说得对。"要知道，孩子目前的一些小问题，不是他（她）所特有的，而是这个年龄段的孩子普遍具有的。

几天前发生过这样一件事情。一位妈妈带着两岁六个月大的儿子来找我。孩子非常可爱，盯着我看的同时脸上一直带着微笑。可妈妈告诉我，孩子在幼儿园里总是到处乱跑，虽不是胡乱冲撞的那种程度，但不停地走来走去，她有些担心孩子是否正常。我回答说："宝妈，这个年龄段的孩子就是喜欢走来走去的呀。"妈妈又说，幼儿园的老师告诉自己，班里喜欢乱跑的只有这个孩子。我听后笑了出来："这个幼儿园也太不可思议了吧。一整天的时间，六七个两岁多的孩子怎么可能都坐着一动不动？怎么可能呢？"大家想想看，还不到三岁的孩子怎么可能乖乖地坐上五到六个小时呢？这样要求他们也太残忍了吧。

那么父母为何如此焦虑？其实我比谁都能理解他们。他们希望好好养育自己的孩子，但内心深处却留有自己父母的阴影。痛苦、怨恨、后悔、埋怨，这些负面因素会让我们在成为父母以后，过度执着于不现实的、绝对不可能的"理想的父母，完美的育儿"。最重要的是，所有父母都应该思考父母的作用，以及自己的育儿哲学，树立相关的概念，他们却做不到这些，因为他们根本不清楚理想的状态是怎样的。于是，他们动不动就小题大做，几乎让孩子喘不过气来。这种做法的结果是亲子关系被破坏，孩子情绪也不稳定。

父母应该是慈悲的。理想的育儿方式不仅会让孩子感到轻松，也会让父母感到轻松。在育儿问题上，没有必要过于小题大做。没关系，天不会塌下来的。相信我们的孩子，他们很正常。

## 孩子的"感受"
## 不等于"想法"

孩子有时会说一些不好的话。不，这样说好像不太合适。应该说，他们会说一些父母听后会生气的话。举个例子，"我希望我没有弟弟""我希望姐姐消失""我不想要妈妈，我要一个人生活"，听到这样的话，父母一定很难过，同时也会很担心，孩子为什么会说出这样的话呢？这些话当然不值得表扬，但父母也没必要因此骂孩子。因为这纯粹是孩子一时的感受。

这时没有必要对孩子说："你为什么会有这种想法？""有这种想法就是坏人。"不要试着向孩子解释这种想法有多么恶劣，孩子只是暂时表达了自己的心情而已。虽然这种表达方式让我们感到不舒服，但心情就是心情，每个人都可以有各种不同的心情，孩子对妈妈也是这样。孩子也可以对妈妈感到生气，也可能讨厌妈妈。不可否认，我们爱自己的孩子，甚至不惜为之献出生命，但是，一年三百六十五天、一天二十四小时我们都觉得孩子可爱吗？我们一直都是爱孩子的，但总有对孩子感到不满意的时候。孩子也是一样，不可能每一个瞬间都百分之百地喜欢妈妈，所以才会说出"我讨厌妈妈"这样的话。

我们总是认为，如果有人说出自己的感受，就代表他（她）确实有这样的想法。其实别人说出的只是暂时的一种感受，我们却把它看成了带有意图的"想法"。把感受看作想法，父母就会不自觉地追究孩子为何有这样的想法，以及这种想法的对错，然后试图改变这一想法，继而对孩子进行说服和教育。如果说服不了，就会产生怒气，然后强迫孩子改正这种想法。这样的话，孩子下次还敢说出自己的感受吗？即使孩子说的是不中听的话，能表达自己的心意也比不表达要好一万倍，父母还是要尽量允许孩子表达。

如果对方表达的只是一种感受，那么就只接收这种感受吧。例如，丈夫说："最近好累，辞职算了，不干了。"此时他传达出的信息应该是——"我很辛苦，几乎到了想要辞职的程度。这么吃力，该怎么办才好？"但如果我们回答："只有你自己累吗？我也很累。这个世界上哪有不辛苦的人？辞职了怎么养家？身为一家之主就这么不负责任吗？"这便是把对方的感受看成带有意图的"想法"了。对待孩子也是一样。"宝贝是不是很伤心？""因为弟弟很头疼吧？""你一定非常难过，才会产生希望弟弟消失的想法。妈妈不知道你的感受，对不起。"然后，可以用温和的语气问孩子："为什么会有这种想法呢？能告诉我你遇到什么困难了吗？"倾听一下孩子的心声，这样才能拥抱孩子的内心，从而帮到他们。我也知道现实生活中这样沟通是不容易的，但我们还是应该努力去做。这样，孩子受到的伤害才会少一些，和父母在一起的时候，孤单才会少一些。

养育孩子的过程中，不管遇到如何困难的时刻，请不要怀疑，孩子从根本上都是最喜欢我们的。孩子本来就最喜欢自己的父母，尤其喜欢妈妈，只要父母没有虐待他们，基本上所有的孩子都是这样。"既然孩子全世界最喜欢我，为什么又会说出那种话呢？"希望所有的父母都能认真地思考这个问题。无论是谁，都会把自己最深沉的心意、最疲惫的内心展现给自己最亲近的人、对自己有特别意义的人。孩子也是这样。孩子是在什么情况下说了那些话？为什么要对我说，而不是对别人说？这是值得思考的问题。

如果想和孩子对话，哪怕只是简单的对话，也要敞开心扉，和孩子的心灵之桥相互连接。我们需要承认，孩子的感受仅仅是感受，而不是别的。只有这样，双方的心灵才会连接起来，才能更好地进行对话。简言之，不要先说话，而要先读心。

接受咨询时，有时我会给出这样的建议："咱们家的人话太多了。奶奶要少说点，妈妈也要少说点，互相之间都要少说点，对孩子也少说点吧。"如果我们说太多，在最重要的瞬间，反而容易模糊重点。告诉孩子必须做某件事情的时候，完全没有必要唠叨半个小时，这样说就足够了——"不管你心里多么不愿意，也是必须完成的。哭也没用，妈妈不会同意的。妈妈不会把你硬拉过去，但是，今天必须完成这件事。"通常这样建议后，大家都会点头同意："是啊，您说得对。"

平时大家心情都好的时候，话多点也无所谓，这是愉快的对话。但是心情不好的时候，如果话太多，在对方听来就和用指甲刮黑板的声音一样刺耳。父母和孩子之间是这样，夫妻之间也是这样。

心情好的时候，请多进行愉快的对话，但是气氛不好的时候、发生争吵或者矛盾的时候、孩子不听话的时候，最好只说要点。不管是对彼此的关系，还是说话的效果，这样做都是明智的。越是重要的事情，越需要提前整理好要点，尽量简短地进行说明。并不是父母说得越多，孩子就越能接受。事实上，孩子之所以不听话，并不是因为他们听不懂，而是因为不想听。同样的一句话，不停重复、画蛇添足并无实际用处。

## 自信是父母送给孩子
## 最好的礼物

从父母那里受到很多伤害的人，长大后很难拥有良好的人际关系。他们总担心别人不喜欢自己，讨厌自己，即使很小的一件事情，也很难做出决定。他们不清楚自己想要的是什么，即使有想要的东西，也不敢确定自己是否真的有资格拥有。因为他们听不到自己内心的声音，而且很容易后悔。那么，父母在教育孩子的过程中漏掉了哪一环，才会给孩子留下如此大的阴影呢？

孩子和父母不但通过语言交流，也会通过情感交流，从而可以获得情绪上的安定。很明显，前面提到的这些人，他们的父母忽略了这一点。我们在养育子女的过程中也经常忽略这一点，因为它是肉眼看不到的。但是，所有父母都应该不断努力，让自己拥有可以看清情感的眼睛。

孩子急三火四地从学校给妈妈打来电话，说今天忘记带很重要的东西了。前一天晚上妈妈明明嘱咐过，要把第二天用的东西准备好,她让孩子再好好找一找。孩子用焦急的声音回答说:"我明明放进书包了,可是怎么也找不到。"妈妈很想亲自给孩子送过去,可现在是上班时间,不能离开工位,最后只好跟老师说了一下,让孩子中午回家一趟。幸好学校离家不远,午饭时间一到,孩子打来电话说自己正在回家的路上,等到家以后再给妈妈打电话。可是,妈妈等了半天也没接到任何电话。放学后,孩子终于打来了电话,说事情都解决了,已经处理好了。妈妈说:"太好了!一回家就找到了吧?"没想到孩子说:"妈妈,我回家看了,家里没有。"妈妈吓了一跳,连忙又问:"天啊,那你最后怎么办的?"孩子回答说:"我又找了一下书包,结果发现在书包里。"

遇到这种情况,你会对孩子说什么呢?妈妈 A 说:"我就知道会这样!不是叫你好好找找看吗?这很难吗?"也许孩子会说:"妈妈,可是我已经处理好了呀。"妈妈又说:"好什么好?以后不准再犯这种错误了!"然后,这位妈妈一回家就把孩子叫过来,又训了半天。妈妈认为自己已经教会孩子以后不犯同样的错误了,但是,孩子学会的却是,失误是可耻的。

妈妈 B 说:"你这孩子,你平时不是很会收东西吗?这次得到教训了吧?相信以后你不会再犯这样的错误了。"孩子有些不好意思地回答说:"是啊,我明明记得装好了的,刚才不知怎么就是找不到。"妈妈说:"太着急的时候,很容易看不到眼前的东西。"她又补充道:"妈妈有时候也这样。所以,重要的东西,早上出门前一定要再检查一遍。""我会的。"孩子回答。回到家里以后，妈妈没有再提白天发生的事情。在和妈妈对话的过程中，孩子的自尊心得到了保护，也没有失去对自我的信任。事情最终得到了顺利解决，孩子有一定的成就感，也学会了怎样才能避免下次发生同样的问题。

提高孩子的自我信赖感，靠的并不仅仅是"做得好！做得好！"这些泛泛的称赞之语，还需要父母和孩子进行情感的交流。生活中，孩子几乎时刻都需要做决定——"现在去上厕所吗？还是把这道题做完再去？""现在肚子有点饿了，先吃饭？还是忍一忍，学习一小时后再吃？"只有拥有对自我的信赖，孩子才能有自己的主见。

我们很少从错误和失败中总结东西，所以在解决问题的过程中很少能感受到成就感。在社会上是这样，在学校里是这样，在家里也是这样。但是请仔细想一下，如果只有做得很好才能感受到成就感，那么人的一生中，可以感受到成就感的次数能有多少呢？"我以自己为傲"，这样的想法能有几次呢？也许正因为这样，我们，还有我们的孩子，才经常看起来无精打采。

比起不犯错的时候，人在犯错的时候学到的东西更多，犯错或失败并不是可耻的事情，从小我们就要反复给孩子灌输这种观点。我们应该帮助孩子乐观地面对失误和失败，如果总是对孩子求全责备，孩子便会选择逃避，就不会带着好奇心去探索和挑战这个世界。不仅孩子如此，我们也一样。无论哪个领域，新手都会不断从失误中学到新的东西，这是极其自然的事情。

还有一件事会影响孩子建立自信,这就是父母口中所谓的"好"。我很少对孩子说"好好的",我习惯说"去做吧"。曾经有一个孩子对我说:"因为我成绩一直上不去,爸爸心疼钱,不让我再上补习班了。"我问他:"你想放弃补习班吗?"孩子回答说"不想"。我又问他:"你觉得上补习班对自己更有帮助吗?"孩子说"是"。于是我告诉他:"那么就去上吧,至少能多学一点东西。"

人们把好好学习解释为成绩好,但是,也有很多人一天到晚努力学习却拿不出好成绩。也就是说,并非只要努力学习,成绩就一定会优秀。但是,努力就意味着"好好的"。父母都爱自己的孩子,因此热切地希望能教育好孩子,但是,如果曲解了"好"的意味,就会对孩子苛求。因为"好"的标准总是太高,孩子很难达到这个标准。但父母认为,如果孩子不符合这个标准,无论多努力、多快乐、多诚实,都不可能做得"好"。跳绳、钢琴、绘画,只要结果不好,就不算是做得"好",这会让孩子觉得自己很不幸。

一位妈妈对我说:"院长,我们家孩子算是完了,他学习太差了。"我问她:"孩子经常做坏事吗?"妈妈瞪大眼睛否定道:"没有。"我继续问:"孩子每天都去上学吧?"妈妈说:"是啊。""孩子在学校认真吃饭,跟其他同学也合得来吗?"妈妈又回答:"是的。""那么老师是怎么评价他的呢?"妈妈用轻快的声音回答道:"说他和同学们相处得很不错。"我又问:"孩子愿意上补习班吗?"妈妈回答:"是的。"最后我说:"如此说来,孩子在学习方面没有任何问题。"

我们也一样。如果错误地理解了"好"的意思，育儿会非常辛苦。不是只有孩子不挑食、个子高、成绩好、读好大学，才算培养得好。所谓培养得好，首先应该是把孩子培养成一个情绪健康的人。难道什么都要"好"吗？如果是这样，每一个来到这个世界的人都要背负多大的压力呀。结婚会变成负担，为人父母也会感到负担，人生该是何等的艰难！"大致"做一下也可以，"稍微"做一点也没关系，重要的是"在做"，以及会"继续做"。

## "和父母共同拥有的美好回忆"
## 才是最重要的

给我专栏写信的朋友当中，很多人都说过："我小时候和妈妈没有什么特别的记忆""我没有和父母一起度过美好时光的那种回忆"。我非常理解他们为什么会在长达两页的信中不约而同地写下这些话。一个人心里难受的时候，最希望从哪里得到安慰呢？我想，一定是非常亲近的人给予的安慰，以及和非常珍贵的人一起度过的愉快时光，还有内心充满温暖的回忆。拥有了它们，人便拥有了克服危机和困难的勇气。小的时候，给我们带来这种经历的多数都是父母。那些和父母一起玩过的游戏、说过的话，在你感到身心俱疲的时候，会成为支撑你的力量，静静地从心底浮现出来，温柔地拥抱你。

直到现在，我还经常想起自己小时候的一件事情。那时候，我的爸爸就像现在的我一样，每天都非常忙碌，常常夜里十二点才回家。大概是在我六七岁那年的夏天,爸爸忽然提议全家一起去仁川的海水浴场玩。一家人匆忙收拾行李,妈妈、爸爸、哥哥和我,我们四个人坐车来到海水浴场。记得海边游人如织,非常热闹。那天发生了一件让人捧腹的事。我和哥哥还有爸爸走到海水里玩,这时哥哥突然大声叫道:"啊,有便便!"我顺着他指的方向看过去,真的有一块人类的粪便浮在水面上。现在回想起来还是觉得好笑,想起爸爸看到那块粪便时目瞪口呆的表情,以及哥哥说"啊,有便便!"时的语气,还有我咯咯笑个不停的样子,心里就会弥漫着一股温情,心中的阴翳也会一扫而光。当时在海水浴场的见闻,有一些我已经记不清了,但是,出发时那种激动的感觉,人们的头像西瓜一样浮在水面上的样子,听到哥哥说"有便便"后,戴着游泳圈的我害怕粪便飘过来吓得扭头就逃的情景,还有那块粪便悠悠漂浮在水面上的样子,一切都历历在目。无聊或疲惫的时候,静静地待着,偶尔我还是会想起那次的"便便事件",然后一个人哧哧笑出声来。

还有一件事。小时候我们家住在青坡洞地势较高的地方。一个冬日的夜晚,爸爸下班回来的路上买了一些橘子回来。现在的橘子非常便宜,也很常见,但在当时是很不容易吃到的水果。只见爸爸用手托着一个装满橘子的黄色纸袋,小心翼翼地走进来,袋子的底部是裂开的。我们都问怎么回事,爸爸说,快到坡顶的时候,装橘子的纸袋的底突然破了,袋子里的二十个橘子咕噜咕噜都顺着斜坡滚下去了。爸爸恼火地说了句:"哎哟,这下糟了,橘子都滚走了!"这时,路过的一对年轻的男女连忙把滚下去的橘子都帮忙捡回来,还给了爸爸,然后问了句:"我们可以每人吃一个吗?"爸爸说可以,还每个人多给了他们一个。我想象着橘子咕噜咕噜滚下坡的样子,咯咯笑了起来。直到现在,每次看到橘子,我还会想起那时的事情,脸上也会不由自主地挂着微笑。每当想起爸爸在寒冷的冬夜为家人买价格不菲的橘子时的心意,还有素不相识却帮爸爸把所有橘子都捡回来的年轻男女的善意,我的心中便会弥漫着一股温暖。

这样写着,又有新的记忆浮现出来。小的时候我特别喜欢洋娃娃,尤其喜欢芭比娃娃。以前明洞有一家波斯菊百货商店,里面卖芭比娃娃的衣服。记得那是小学三年级圣诞节的时候,爸爸给了我一些零用钱,让我买自己想要的东西。于是,我一个人坐着公交车去了明洞的波斯菊百货商店。正幸福地挑选着给娃娃穿的衣服,忽然听到爸爸叫我的声音:"恩瑛啊!"我吓了一大跳,心想:"爸爸怎么会知道我在这里呢?"当时明洞有一家卖烤鸡的店,爸爸给我买了烤鸡,还带我去别的地方买了一双靴子。和爸爸一起坐公交车回家的时候,我忍不住问道:"爸爸,您怎么知道我在这里?"爸爸说:"我给家里打电话,妈妈说你坐公交车去了市里,我就想,'啊,昨天我给她钱了,她应该是去买洋娃娃的衣服了吧'。"听到爸爸这样说,我耸了耸肩,感到非常幸福。

就是一个个这样的小插曲,构成了我们的生活。它们不是什么惊天动地的大事,却给我们带来无尽温情。假如只要想起父母，脑海中浮现出的总是父母愁眉苦脸、生气、发脾气的样子，这对子女来说难道不是一件残忍的事情吗？每次想起来都会捧腹大笑的愉快的回忆，一边感叹着"啊，那时真的很有趣！"，一边感受到的父母带给我们的满心的欢喜，通过这些，孩子才能得到勇敢面对人生的力量。要想树立健康向上的价值观，知识固然重要，和父母共同拥有的美好回忆也非常重要。

孩子想要的并不是多么了不起的东西，在琐碎的日常中，他们也可以感受到快乐和幸福。通过对话、游戏，我们可以和孩子创造无数温暖的回忆。回想恋爱的时候，我们是何等的赤诚、用心，因为那时我们心里想的是："真希望最后能和他（她）走到一起。"用这样的心情陪伴孩子吧！和妈妈一起咚咚地敲着西瓜挑来选去，最后把西瓜切成两半，看到红色的瓜瓤，孩子会拍着手笑得很开心。和爸爸在浴室里玩水枪的时候，孩子也无比开心。和孩子一起蹲在地上看蚂蚁爬行，也可以玩很久。

还有，孩子小的时候我们经常送他们礼物，这时一定要写信或心意卡。找一个箱子，把父母写给孩子的信和卡片都收藏起来吧。尤其是在孩子很小的时候，父母的信里会洋溢着浓浓的爱意，因为父母经常会使用"你真可爱""我好爱你"这样的表达。所以，孩子小时候收到的那些卡片，会成为他（她）人生路上很大的动力，它们会让孩子感受到——"我对父母来说是如此珍贵的存在！"

父母能给孩子的，不是金钱、名誉、学历，而是温暖、幸福的回忆。孩子想从父母那里得到的，也正是这些回忆。

## 希望孩子成才的想法太强烈，也会成为父母的执念

父母希望好好培养自己的孩子，这是出于对孩子本能的爱，我从不指责这种想法。但如果这种想法太过强烈，就会成为一种执念。对孩子的爱如果太深，也会成为父母的执念。作为父母，一定要警惕这一点。"我希望这样养育我的孩子"是我的愿望，我们应该思考的是，"孩子希望从我这里得到什么？""他（她）想要的是怎样的人生？"为了再提高两分，让年幼的孩子在补习班学习到很晚，这样做的意义大吗？当然，这也许是因为我是一位年过五十的母亲，所以才会这么说。

有些父母觉得，如果孩子不够优秀，今后就过不上好日子。我能理解这一点，教育孩子是父母的义务。但是，除了必要的教育，希望父母不要给孩子太多压力。那么，连英语补习班也不要让孩子去吗？不是的。我的意思是，不必因为孩子没能很快升入下一个等级，父母就急三火四地另请别的老师来帮助孩

子提高分数。不能要求孩子只考第一名，这是父母的贪念。

我是怎么抚养自己的孩子的？很多人都好奇，吴恩瑛院长到底把儿子培养得有多优秀？说实话，我从没对孩子发过火或发过脾气。我的话听起来也许有那么一点自以为是，不过，我也没有溺爱孩子。我的家人、配偶、朋友都形容我是一个情绪非常稳定的人，我很少看起来生气或激动。但是，我并非天生就没有过激的情绪，而是我一直在非常努力地忍耐着，我知道这样做有多重要，不这样做的结果有多坏，所以我每天都在努力练习。

我的儿子已经健康、平安地长大成人。他现在是一名大学生，复读考上大学以后，正过着有意义的大学生活。记不清是在初中二年级还是三年级的时候，儿子有段时间压力特别大。我是一个情感比较细腻的人，丈夫性格也很温和，儿子结合了我们两人的性格特点，性格比较敏感，有时容易脆弱。我虽然也敏感，但有魄力；丈夫细心，又很坚韧。但孩子年纪还小，他虽然很聪明，但在学习方面经常感受到压力。正如我经常对大家说的那样，我心里想的是，我们的孩子除了学习，还可能有其他的才能。孩子既不是不学习，也没有不听话，在学校表现也不错，作为父母，我们只需要站在身后继续支持他就可以了。

从初中开始，儿子就说自己的梦想是当医生。我们身边没有任何人要求孩子成为医生，我隐隐有些担心，爸爸妈妈都是医生，这样一来，家里的医生也太多了吧。我想："如果儿子有这种压力,一定会被这些东西压得喘不过气来。"儿子的内心本就敏感脆弱,说不定这样会受到更多伤害。所以在平时相处的过程中,我非常留意这一点。我经常鼓励他:"学习是为了增强我们的实力,而不只是分数。""分数还没出来的时候,多想想哪些题不会,为什么会做错。""犯错不要紧,下次不犯就可以了。不会的东西多也没关系,继续学习就是了。"

我曾经告诉孩子:"医生并不是世界上最好的职业。如果你确实想当医生也未尝不可,如果想做别的,也可以去做。这个世界上有很多值得一试的事情。"我之所以成为医生,是因为我对此非常坚定,它会让我感受到幸福,现在的我是一名幸福的医生。但这是我,孩子和我是不同的人,所以对孩子来说,幸福的条件可能会不一样。我不希望心灵脆弱的他犯下违背自己意愿、盲目跟从父母选择职业的错误。我相信孩子最终会找到最适合自己的职业。

养育孩子的过程中,我也有过后悔的时刻。儿子上高中以后,有一次,他对我说:"妈妈,我没上初升高衔接班,数学一直跟不上。"我听后有些后悔,心想:"当初如果给他报一个衔接班,现在肯定会好很多。"其实我知道,即使再回到过去,我也不会给孩子报班。总之,每次儿子因为数学感到吃力的时候,我会告诉他:"没关系,遇到比较难的知识点,晚一点学会也没什么,重要的是学会如何解决难题。上大学以后,你可以学习自己喜欢的专业,到时候需要的也是解决问题的能力。不要太在意分数,把注意力放到积累实力上吧。"儿子复读的时候我对他说的也是："这一年的时间，多多积累实力，弥补自己不足的部分吧。"可能经常这样鼓励的缘故，儿子后来的学习过程很顺利。

儿子复读的时候，偶尔周末也会给我们做饭，不是那种简单的饭菜，而是像模像样的料理。换作是其他复读生的父母，可能会说："你还是抓紧时间学习吧。"但孩子在做饭的过程中可以放松心情、化解压力，如果儿子很想为妈妈做一顿饭，这样他心里觉得舒服的话，也不失为一件好事。"你怎么这么擅长做饭呀？太好吃了！简直是料理天才！"听到我的夸奖，孩子的内心非常满足。

有些孩子虽然头脑聪明，却没有学习的天赋。如果父母以头脑聪明为由，过分强调成绩，孩子最终会因此而失去一个重要的心理支柱，即使遇到自己擅长的事情，也会做不好。学习需要认真对待，这没错，但如果超出了正常的范围，就要好好想一想，这究竟是孩子想要的，还是父母自己的执念。

尊重孩子意味着什么呢？意味着我们不能随意干涉孩子的人生，意味着接受孩子和自己的想法不一样的事实，以及，承认自己心目中幸福的标准可能和孩子心目中幸福的标准不一样。

# PART ❹ 与自己和解……

知道了
痛苦开始的地方，
也会知道
幸福降临的地方

## 和自己的内心携起手来，
## 是与自己和解的开始

一位声称在童年时期受到严重心理创伤的男士问我："院长，我必须解决这个问题才能进入人生的下一阶段，到底怎样才能治好这个伤口呢？"我只能坦诚相告："这个伤口是无法治愈的，你的要求恐怕很难实现。"事实就是如此，那些已经形成的深深的伤口，无论我们用什么方法，都不可能让它们像从未出现过一样，任何一种治疗都不可能达到这样的效果，因为事情已经发生，这是无法否认的。

父母是孩子看世界的窗户，假如窗户上不但结满蜘蛛网，还有严重的污渍，而且每次开关时都会发出刺耳的声音，偶尔从窗户里还会吹进刺骨的寒风，至少有二十年的时间，孩子要透过这样的窗户看世界，最终，他(她)看待别人时的"社会性"、看待世界的"价值观"、看待自己的"自尊心"等方面都会出现问题。

有这样的窗户不是你的错。子女不能选择父母，他（她）只是运气不好。"只是"一词听起来很残忍，但是，你绝不应该被这样对待，这些完全是父母的错。即使他们的孩子是比你更优秀的人，他们也仍然会是现在的样子。

我这样说并不是为了埋怨父母，而是希望孩子不要再被捆绑在这样的窗户上了。如果继续通过这扇窗户看世界，只能一直痛苦，伤口会一直流血，稍有碰触就会非常疼痛，因为人生一直停留在那个伤口里。

你需要一个新的窗口，需要看待世界的新的标准和思考、新的感情。不要一直趴在以前的窗户上，嘴里说着"太疼了，风啊，请你不要吹了"。你应该和这个窗口分离，创造一个新的窗口。当然，这绝非易事。因为"我"和这扇窗户至少共同生活了二十年，这么长久的时间是不容忽视的。但是，创造新的窗口不需要那么长时间，不要再为过去的时间感到后悔了，未来的二十年、四十年里，总不能一直像现在这样痛苦地活着吧？

不要以为只有把伤口治愈，人生才可以重新开始。不要觉得只有和父母的问题完全得到解决，自己才能获得新生。否则，我们会一辈子被囚禁在这种伤痛里，永远在里面挣扎。过去的事已经发生了，谁都没有办法把它们变为没发生过的事。

因为那些事，现在的人生也许会非常不好过。但如果已经长大成人，这种关系就可以结束了，至少可以在心理上结束。即使依然和父母一起生活，即使他们继续对你产生不好的影响，但只要你已经成年，那种只能被动接受的阶段便已经结束了。现在，正式结束这段关系吧。

那么，要怎么结束呢？首先请反复告诉自己："现在，这段关系已经结束了"，然后思考一下，如果父母继续以同样的方式影响你，你应该怎样换一种角度做出反应。

所谓和解，首先是和自己进行和解。也许父母这辈子都不会向你道歉，也许我们这辈子都不会原谅父母。那些情感，不如就此封印吧。我们很难改变别人，这里所说的"别人"，也包括我们的父母。最终，你需要和解的对象还是自己。

和束手无策、蒙受委屈的自己和解；和担心被那些人毁掉一生的自己和解；和自我贬损、自我非难的自己和解；和对自己充满厌恶的自己和解；和认为自己是世界上最低微、渺小的存在，因此觉得什么都不配拥有、什么都不能做的自己和解。

我们已经是强大的成年人了。请向内心那个还在淋着雨、蜷缩着坐在那里的孩子伸出援手，然后告诉他（她），站起来吧，去寻找一个新的窗口。

和自己的内心携起手来，这是与自己和解的开始。

## 停下来，唤醒自己，
## 别让情绪牵着我们的鼻子走

小时候，你因为那扇错误的窗户，对世界产生了错误的认识。因为用错误的观点看待世界，所以从世界和他人那里得到了很多错误的反馈。要想创造一个新的窗口，就要一个一个修正这些错误。要改变自己看待世界的标准，重新树立价值观，重新塑造看待别人的方式，同时重新认识自己。

这听起来是不是很难？甚至让人感到无从下手。举个例子——

当你来到便利店，选好几样东西，来到收银台打算结账。这时，一个男人突然插到你前面，抢先把自己的东西递给收银员要求结账，收银员接过男人的东西，开始扫码。这时你的火气一下子便上来了："什么啊？是我先来的好吗？可恶！凭什么目中无人？你看不到我站在这吗？看我好欺负是吧？"你的脸涨得通红，身体也开始微微颤抖。

按理说这不算什么大事，但如果一个人的内心存在敏感区域，遇到较大刺激的时候自不必说，日常生活中的一些小事也会导致它被触及。被触碰到的瞬间，从前那些不好的经历引发的反应会瞬间复活。收银员真的是看你好欺负，才先给其他顾客结账的吗？事实未必如此。但在那一瞬间，你内心的想法确实是这样的。你需要弄清楚这种想法的根源，下次再遇到这种情况时，必须让自己先冷静，同时进行如下思考："等等，这位收银员认识我吗？不认识。他有必要故意无视我的存在吗？没有。所以是我想太多了，就是这样。"这是改变因错误的自我认知而导致的想法、习惯和行动的一种方法，也是由自己进行独立判断、重启自我认知的过程。

从父母那里受到的伤害让我们始终感到痛苦，这种时候，一定要学会自救。为了让自己越来越好，变得幸福，可以循序渐进地去做。只需要停下来，哪怕是非常短暂的时间，只要停下来，就可以阻止自己的思维回到以前的思考方式，做出和以前相同的反应。"收银员看不起我吗？这种猜测正确吗？他认识我吗？我总是很敏感。"像这样，当我们停下来，冷静地进行思考的时候，就可以保持镇定。要创造新的窗口，必须不断累积这样的经验。

要尽可能地多尝试停下来思考。人不会一直处于睡眠状态，只要意识是清醒的，就会不断面临新的状况，每当这样的时候都要告诉自己，停下来，好好想一想。当然，一开始可能会不太顺利，在此过程中，也会有不由自主地重蹈覆辙，或者信念坍塌的时候，甚至会想自暴自弃。但是，如果想自救，今后的人生就应该这样走。

生活中感到心情低落、忧郁、痛苦、烦闷的时候，都可以告诉自己："等等，等等"，让自己停下来，问问自己："我现在的想法是什么呢？""嗯，我心情有点不好，感觉自己被无视了。可是，他没有理由这样对我啊。"有了这样的思考，行为便自然而然地会随之做出调整。以前遇到这种情况会气得浑身发抖，现在却可以轻描淡写地说道："是我先来的呀。"听到这样的话，对方很有可能会说："啊，是吗？不好意思。"你也可以说："已经扫码了，还是你先来吧。"

这样做之后，你不仅获得了重新审视以前的思维模式的机会，还可以得到"自豪感"。自己没有再像以前那样失态，于是会对自己的表现感到满意。虽然这样做不会立刻就打开一扇新的"窗户"，但起码心情会豁然开朗。在遭遇严重挫折的时候，也需要暂时停下来，审视一下自己。"等等，我有必要这么难过吗？我为什么要这么难过？"只要有这样的意识，挫折感就可以在某种程度上得到缓解。

这一过程应该是主动的、有创造性的。人生是自己的，但很多时候我们都不能自己做主，因为那时我们还小，缺乏经验，还没有能力主导人生，所以即使暂时停下来，也可能不知道该怎么做。正因如此，我才强调这一过程的创造性。从前的日子里，也许你也曾这样想过："啊，应该这样做才对啊。"现在，你可以用自己的方式做出改变。从今往后，不要再做提线木偶，而是勇敢地创造只属于自己的人生吧。

假如孩子说："啊，真讨厌学习。"有的父母可能会马上呛声道："喂！你还是考了高分再说这种话吧。"或者说："这是学生该说的话吗？"这些说法在某种意义上都属于下意识反应，因为父母不知道这种情况下应该对孩子说什么，只好先灭灭孩子威风再说。下次遇到不知该怎么回答、不知该如何对待孩子的时候，请停下来，告诉自己"等等"，然后稍作停顿。你可以对孩子说："等等，妈妈要考虑一下。这个问题我们的确有必要谈谈。"然后静下心来思考一下："如果我过于强调学习，孩子会对学习产生逆反心理的。今天先了解一下孩子为什么会这样想吧。"然后可以对孩子说："你可以告诉妈妈你为什么那么讨厌学习。没关系，妈妈要知道你的想法，这样才能理解你啊。"如此，倾听孩子的心声，即使孩子说的和我们的想法不一样，也不要试图改变孩子的想法。你可以说："哦，原来如此，妈妈知道了。妈妈知道你的想法了。"之后，可以慢慢思考这个问题。尤其是对于我们非常亲近和珍视的人，停止过激反应和语言暴力，这是非常重要的。

我想告诉大家的是，我每天都会练习憋好几次气——先屏住呼吸，然后缓缓呼气。我们当中大部分人每天都过得非常忙碌，如果不刻意去想自己在呼吸的事实，甚至会忘记这一点。我常常屏住呼吸，用心去感受："啊，我在呼吸。"这是在日常生活中不错失自己的一种方法。如果很难暂时停止思考，也可以像我一样试着屏住呼吸,唤醒身体里的那个"我"。我们需要思考:"这意味着什么?"如果不停下来,如果不唤醒自己,就很容易人云亦云,亦步亦趋。请停下来,唤醒自己,别让情绪牵着你的鼻子走。

## 承认伤害，承认欲望，接受自己

人生中最让我感到痛苦的是什么呢？人生中我最重视的又是什么？哪一部分有欠缺的时候我最痛苦？别的可以没有，但"有它就够了"，对我而言这个"它"是什么？——请回答一下这些问题，这也是认识自我的一种方法。

有一位女子，她说自己因为公司的人感到十分痛苦，因为那些人只要聚在一起，就开始七嘴八舌地讨论豪车、名牌服饰、贵族学校、房子地价等等。因为她住的小区不够高档，其他人都有些看不起她，如果她对他们的对话表现出不屑的神情，他们就说她自卑。一方面，女子说她觉得那些开口闭口穿什么名牌、谁的父亲是富豪、谁又出国旅游了、谁又买了进口车的人很低级。另一方面，她又说自己很担忧。到目前为止，她一直认为只要大家不搞歧视，人人互相关爱，即使没有钱，也可以生活得很好。但进入五十岁以后，万一别人都住在视野开阔的高级住宅里，只有自己住在狭小破旧的公寓里怎么办？想到这里她就会感觉不知所措。

"不搞歧视，互相关爱"，谁也不能否认这是最理想的生活。但是，正义、平等、关怀虽是人人应该追求的最高价值观，现实中却是，人们会通过在生活中获得的感悟，树立起自己的价值标准。有的人因为幼年时期家里太过贫穷，所以最无法忍受的就是贫困；有的人什么都能放弃，就是不能放弃对学历的执着。与此相比，上文中提到的女子的要求多少有些抽象。女子说自己是在所谓富人区——江南地区长大的，丈夫也在一家大企业上班。但是，她小时候有过怎样的经历？内心欠缺的部分又是什么？为什么对金钱如此耿耿于怀？她必须自己回答这些问题。

我能想到的可能性是，也许她很憧憬那种富足的生活。表面上她把物质欲望看作低级的东西，但无意识中却一直为此受到压抑。她执意要把自己和那些人区分开来，把对方看作低级的、不正常的人，并且认为他们在折磨自己。她需要审视自己的内心，弄清楚自己是否有追求优渥生活的欲望。

还有，只要公司那些同事的行为不违法，也没有伤害别人，那么就无可厚非。这位女子需要承认这一点。平等、关怀当然是非常宝贵的价值，但是，对豪车、豪宅的憧憬并不是值得指责的事情。现在的问题是，在这位女子看来，这两种价值是完全相反、不能两立的。本是正常的欲望，她却无法平静地接受，这是因为在她的心里，上述两种价值完全无法融合。经常给别人捐款的人也会想要昂贵的包，这是可以被理解的。

比起守护某种价值，更重要的是以现实为基础，统合自己内心的欲望。否则，人很容易感到痛苦。追求形而上的价值是人类才会做的事情，追求豪华优越的生活也是人类才有的欲望，两者都是符合人性要求的。

前面提到过，要认识真正的自己，就要承认自己对小时候受到的那些伤害的看法，也要承认自己对父母的失望和不满。看待自己的欲望也是一样的。不管是怎样的欲望，首先都要承认它的存在，承认人是各种欲望的集合体，如此才能认识真正的自己。

请不断向自己提问，可以先从非常私人的问题开始——我人生中经历的挫折是什么？感到满足的部分又是什么？最后得出的结论是，哪些东西排在第一位？哪些排在其次？可以用文字把这些记录下来，并且大声说出来。只有认识了自己，才能在接下来的日子里带着确定感生活下去。

就我个人而言，我是在接受了精神分析之后，性格才趋于稳定的。实习医生时期，我接受了长达三年的精神分析，这对我的性格产生了很大影响。如果说现在的我"精力充沛"，那么过去的我可以说是血气方刚、爱憎分明。对于谈论和实践我心目中所谓"正义"，我几乎无所畏惧。在接受了精神分析之后，我才发现，在我的无所畏惧和嫉恶如仇的内里，隐藏着我的另一种样子、另一种痛苦。从那时起，我对自己的了解又加深了一层。当然，看到虐待儿童、性侵犯之类的新闻，我仍会愤怒，但看到普通人做出的一般的错误行为或不成熟的表现时，虽不会混淆对错的标准，但不会像以前那样怒不可遏了。我更加懂得应该如何理解他人。

比起了解自己，我们总是更倾向于关注别人。太忙的时候，一家人之间往往连对话的时间都没有，即使有，说的也不是我们自己的事，而是别人的事。从我们口中说出的，往往不是"那个人很成功吧？"或者"这人挺不错的吧？"而是大部分都是嫉妒、诽谤。我们为什么要知道那些名人的妻子和孩子穿什么、吃什么？为什么要关注那些素未谋面的陌生人的社交账号，对他们的生活艳羡不已？每天说着别人的事，看着别人的生活，会让我们产生不必要的相对剥夺感，从而让心理失去平衡，产生自己非常不幸的感觉。

每个人都希望得到他人的认可，但这里所说的"他人"必须是对自己有意义的人、亲近的人、重要的人。对于不认识的人，或者自己不喜欢、不关心的人，他们的认可并不重要。另外，有意义的人的认可固然重要，我们自己对自己的认可也很重要。对自己的认可即"自豪感"，但是自豪感应该有一定的界限，一旦越过界限就会变成傲慢。自豪感能够让我们积极向上、情绪稳定，但如果过度膨胀，以至于给他人带来不好的影响，那就是傲慢了。在我们共同生活的这个社会里，每个人都应该考虑到自己的言行可能对别人带来的影响，这是一种必要的自觉意识。

想按照自己的想法随心所欲地生活，这很好。只要自己的行为和表达不影响到他人，就没有任何问题，但假如影响到他人，就应该好好考虑一下了。比如说，有的人努力打拼，赚了很多钱，赚钱的过程中也从未做过坏事。这个人平时非常注重穿衣打扮，为此花费甚多，这都无可厚非。但是，假如这个人去慈善团体做公益的时候也披金戴银，非常张扬，那就不太合适了。即使我们为自己取得的成就感到自豪，也要分清时间和场合，如果会给他人带来不好的影响，那就要考虑一下这样是否合适了。

要懂得考虑别人，不能凡事只顾自己。作为社会性动物，每个人都应具备这种基本素质。

## 即使伤心，
## 也不要让人生的根基动摇

"为什么只有我这样？"这是付出过的人才会发出的质问。明明很努力，却看不到结果，所以才会感到不甘心。如果心里想的是"管他呢，谁爱干谁干吧"，把烂摊子留给别人，自己只做甩手掌柜，自然也就不会如此委屈了。正是因为有责任感，而且诚实、努力，所以才会有被辜负的感觉。不过，这种想法的深处隐藏着一种受害者思维，这一思维的背面则是满心的委屈，以及自尊感的下降。受害者思维源于幼年时期没有自主能力、只能被动接受的经历。自尊感也一样，它基于童年成长环境中错误地塑造起来的自我形象。明明为人诚实、责任感强，自尊感却很低，这确实令人感到遗憾。

不知从何时起，"提升自尊"的说法渐渐流行了起来，但要做到这一点并不容易。即使那些备受父母宠爱、经常受到表扬和鼓励的人，也不可能一直阳光、向上，因为在现实生活中，我们会不断遇到很多导致自尊感下降的情况。于是，各种媒体、书籍、社交网络都开始强调要提升自尊。低自尊确实会导致很多问题发生，但在这种情况下，刻意强调提升自尊的说法本身也很残忍。将自尊感这一无形的、难以具体量化的东西具体化，并且努力想要达到一定的标准，于是活着变得更加艰难。

不必太过在意所谓提升自尊，只要能相对平稳地度过生活中那些不得不经历的伤痛、矛盾、危机，没有过多地沉溺于痛苦即可。在我看来，所谓自尊就是，永远不要忘记宇宙中的"我"只有一个，不要忘记正是因为有"我"，一切关系才会发生。

曾经有一位复读生高考后来找我咨询。"辛苦你了。别人考一次就可以了，你考了两次，多不容易啊！你很棒，很了不起。"孩子听后有些不好意思，他说："没有，哪有什么了不起的。"但我还是说："不是的，有的人中途便已经放弃了，你能坚持到最后，难道不值得骄傲吗？"孩子告诉我，自己的成绩没有想象中好，所以还是很难过。"我真的尽力了，我已经拼命学习了。"我拍着孩子的肩膀说："尽力了就可以了。"孩子的眼睛里写满了悲伤，他说："可结果不理想啊……"

"我"已经很努力了，结果却不如人意，所以，是"我"没有尽力吗？究竟要多么努力，才算是尽力呢？为什么只有"我"运气这么差？当时我的回答是："即使我们竭尽全力，结果也不会都是好的。尽最大努力去做，最终可能成功，但也有可能失败、受挫。所谓尽力，还包括熬过失败和挫折的那段时间。"孩子瞪圆了眼睛，吃惊地望着我："这也叫尽力吗？""是的。并非只有结果是好的，才叫作自己尽力了。要记住，即使我们很努力，结果也可能不理想。但遇到挫折也不闪躲，遭遇失败也不放弃，而是坚持到最后，总有一天乌云会消散的。所谓尽力，包括所有的这些过程。"孩子好像陷入了沉思，很久都没有说话。

也许"竭尽全力""努力"这些说法听起来有几分悲壮的色彩，但我还是以自己的方式，尽自己最大的努力生活着。我不认为这样生活一定会通向成功、得到回报，但最起码我无愧于心。人只能按照自己认为正确的方式生活，在此过程中挫败在所难免。我们经常遇到和自己想法不同或思想不一致的人，这是很正常的事情。我只是每天朝着自己认为正确的方向，诚实地生活。因为这是我自己的生活。

"他们欺负人，这不公平！"是的，世界上有很多不公平的事，人类的行为本来就缺乏公正性。这个世界也好，人生也好，都不可能全部是公平的。也许你想说："您又没经历过那种事。"但我要说，不是的，我也经历过很多这样的事。在遭受不公正待遇的时候，我也非常难过，在那种情况下，没有人会不伤心。但是，即使伤心，也不要让自己人生的根基被动摇。为大家提供心理咨询期间我认识了很多人，我看到的是，每个人的人生都会经历相似数量的幸福与不幸，并不是只有"我"自己是这样的。即使你觉得只有自己遇到了很多新闻里才会看到的"奇葩"，事实上其他人也差不多，你只是比别人经历得早，所以，今后你遇到"奇葩"的概率就会小一些。

遇到这样的事情，重要的是要客观地看待"我自己"，思考在这件事上"我"是否也需要负一定的责任。如果有，就要对自己的行为做出调整，哪怕心里觉得很委屈，否则今后还可能发生相似的问题。

如果只看结果，生活会更像一场苦役。完成一件事，并不意味着一定要有完美的结果。即使一个人很有能力，结果也可能差强人意，这是无法控制的。比起结果，我们更应该尝试给"我做到了"的过程本身赋予意义，肯定自己。所谓"我做到了"，不仅是对自己能力的证明，还意味着自己很好地度过危机、妥善处理所有环节等一切过程。光是这一点就值得肯定。

## 大声提醒自己：
## "我又开始了，警惕！"

有一位二十多岁的女子，认识她的人都说她心地善良、人品端正。可是，女子遭到了男朋友的暴力对待。男朋友一生气就会打她，女子忍无可忍，终于决定离开。她做得很对，对这样的男人就应该果断远离。但是，男人威胁她，说如果她不回到自己身边，自己就会跑去被车撞死。于是，善良的女子又回到了男人身边。

恋人或夫妻之间以自残或自杀相威胁，宣称"你要是离开我，我就去死"，或者用刀指着对方，嘴里叫着"你敢离开我，我就杀了你"，这两种行为看似相反，但核心是一样的，即企图过度控制对方。这绝对不是爱，而是百分之百的自私。这种过激行为的背后，是强烈的控制欲，而且丝毫没有对对方的爱护。换言之，他们绝对无法容忍另一方脱离自己的控制。如果发现对方有这样的倾向，一定要毫不犹豫地提出分手。

女子和父母的关系很好,但她一直没跟父母说过男朋友的事,对其他人也从没提起过。她担心父母对自己失望,所以迟迟无法开口。但事实证明,她的判断是错误的。也许父母的确会因为女儿和这样的男人交往感到失望,但这种失望最长也不会超过一天。失望之余,父母会提高警惕,提醒女儿:"这个人挺不正常的,你最好不要和这种人交往。"

那么,女子为什么对任何人都没有提起过自己男朋友的事呢?父母且不说,她还有很多要好的朋友,为什么她没有向任何人寻求建议或请求帮助呢?是因为所谓低自尊吗?我认为不是。真正的原因是,她的"自我意识"太强了。自我意识是人类认识自我的能力,有些人的自我意识非常强,自我意识强的人对自己有着更好的认知,因此也习惯于自我反省,并在此基础之上向积极的方向发展。"我又像以前那样了,这次一定要改正。"每次都这样想,人自然会不断进步。

但是,有些人的自我意识过强,导致他们无法正常向别人求助。往往别人还没说什么,他们就会想:"啊,我怎么会卷入这种事……我到底为什么要那样做?真的很讨厌这样的自己。"因而对自己不满意,对自己的样子感到无法容忍,即使别人都说"没关系,那个男的本来就不是什么好人,你没有错"也于事无补。因为自我意识过强的人始终认为,自己看到的自己才是最重要的。正因如此,他们才始终无法开口说出自己的恋爱对象是性格有缺陷的人。对他们来说,向别人坦白这一切非常困难。

现实中,成绩优异的三好学生在学校遭遇校园暴力后却不告诉父母，这种情况并不罕见。就算是平时和父母无话不谈的孩子，遇到这类事情也很可能对父母三缄其口。这些孩子中，有一些自我意识较强，他们不是因为害怕施暴者所以不敢告诉父母，而是无法忍受自己和坏孩子产生关联。

这类孩子的内心经常有这样的想法——"真的很讨厌自己现在的样子。"他们经常会说："我怕让你们失望，真的很抱歉……"但是，听到这句话的父母、兄弟姐妹、朋友，没有人会因此失望，他们反而会想："你怎么会遇到这种事呢？一个人憋在心里该有多难受啊。"但是，对这些人来说，周围人的安慰是没有用的，所以他们很少和别人说自己的事。

自我意识过强的人在遇到困难的瞬间，总想自己解决所有问题。他们需要学习如何求助。求助的对象不一定是父母，也可以是其他值得相信的人、关系亲密的人、恩师、朋友，即使是自己的下属也没关系。首先不要对求助的做法感到羞耻或羞愧，可以练习去说："请帮帮我！""我该怎么办？"请求别人的帮助，既不能说明我们很糟糕，也不是值得羞愧的事情。对于自己无法解决的事情，可以向他人请求帮助，这是大多数人都会采取的方案。相信自己固然很好，但是，真正要相信的是自己有闯过逆境的力量，绝对不要认为所有的事情都应该一个人扛。遇到困难时完全可以接受他人帮助，没有人会是例外。我个人的自我意识也比较强，但我得到过很多人的帮助。一个人在孤立无援的状态下很难生活，因为世界上本来就有很多一个人做不到的事情。

很多人在自我意识问题上遇到过困难。正如我们通过照镜子来了解自己的脸色、皮肤状态，是否出现新的斑点等，对于自己的内心也要懂得观察。这是一种反思，自我意识就始于这里。自我意识使我们更好地认识自己，反省自己，不断进步，这是其好的一面。比如我们会自我剖析："原来我也有这样的一面。这种时候我很痛苦，所以不应该那样做。"或者，"每次到这种时候我都不懂得拒绝，答应别人之后，每次受苦的都是自己。今后遇到这种情况，应该从一开始就推掉。"通过这样的剖析，我们可以更加了解自己，并且寻找对自己有帮助的方法。

自我意识强的人凡事都想做好，想经营好自己的人生，也梦想成为更加优秀的人。在社会中，他们希望自己能崭露头角。这些想法都很好，但问题是标准过高。比如凡事追求完美、高标准，不能容忍失误，其他人口中常说的"这是可以理解的"，到你这里却行不通，因为你不允许自己犯低级错误。还有一些人由于苛求自己，面对事情畏首畏尾，无从下手。这就是被过强的自我意识束缚了。

有个读高三的孩子，他学习一直比较努力。考试之前，他心里想着"这次一定要考好"，并为此做了充足准备。可第一天的考试很难，他没发挥好，觉得自己远远没有达到预期的目标，"我准备了那么久，不至于考成这样"。自我意识强的人在这种情况下会感到极度失望和伤心，并且很有可能会一蹶不振。"反正这次考砸了，还有什么必要再努力？平时成绩已经被拉低了。"可是，如此失意消沉期间，其他考试还是会继续进行，这种状态下，考试结果只会更不理想，内心只会越来越不安，然后陷入悲伤和忧郁，甚至什么都做不了。有些孩子的情况更严重，他们参加高考的时候，如果第一场考试没考好，甚至会直接放弃后面的考试。

如果有这样的倾向，一定要经常提醒自己——"啊，我又开始了。就因为一开始不顺利，我又要半途而废了。警惕！警惕！"必要的时候可以这样大声告诉自己，并且努力控制自己，不要重蹈覆辙。

有些孩子做事情总是不能善始善终，假如这种行为与自我意识有很大关系，我会告诉他们："别忘了你是新手，才刚开始学习。无法容忍自己做得不好，这是一种傲慢。新手犯错是理所当然的，新手本就是一边犯错一边学习的。"

## 如果可以忍受，
## 像现在这样也没关系

一天，一位三十多岁的男子前来咨询。他告诉我，自己经常弄丢汽车钥匙，为此特别苦恼。我问他："除了车钥匙，你还弄丢过其他东西吗？"男子回答说："没有，从来没有弄丢过。"我又问："你感到特别痛苦吗？"男子说："也没有吧，就是每次开锁白花了很多冤枉钱。"于是我说："那就顺其自然吧。"

男子的确很马虎，有时他的注意力会不太集中。但是，我没有要求他接受治疗。即使有轻微的症状，只要本人懂得适当调整，不会影响自己应该做的事情，就无大碍。

也有交不到朋友的孩子前来咨询，这时我也不会告诉他们应该改变哪些方面。我会首先问他们："没有朋友很孤单吗？"如果孩子回答说"是"，我会继续问："你讨厌人吗？"如果孩子说"不是"，我会说："那么，也许你应该好好思考一下了。人在孤单的时候会很难受。你在教室里会感到不舒服吗？"如果孩子回答说:"有时候会。"我会告诉他们:"只要自己不感到不舒服就可以了,这可能需要一些时间,我们的目标不是让你变得非常活跃,和班上的所有同学都变成好朋友。其实你只要能交到一两个亲密的朋友就可以了,这样就不会孤单,也会更容易融入一些小集体。有一两个好朋友,校园生活会变得开心很多。"我还会告诉孩子:"交不到朋友并不能说明你很差劲。只是,如果情况一直这样,可能会给生活带来一些不便,所以最好稍微注意一下。"

人身上存在不足,并不能代表这个人很坏,或很没用,其他人无权对此说三道四。我们不需要完全改变自己,而是应该接受真实的自己。只是,如果一些习惯会持续给自己带来困扰,那么就要尽量改进,争取不让它们干扰到自己。

一天晚上,和我关系很要好的一位学弟给我打来电话。这位学弟平时比较胆小,做事情谨小慎微。这次他也是因为一件小事感到非常忐忑,所以给我打电话。听完他的描述,我说:"小心翼翼地生活也没有什么,这是让你幸福的方式。不必刻意挑战困难,一直像现在这样也没问题。"学弟听了我的话,似乎终于松了口气:"是吧?学姐,像现在这样也没关系吧?"

四十岁左右的男性大多在为事业方面的问题苦恼,上班族开始犹豫要不要离开公司出来单干,生意人则开始考虑是否应该扩大规模。这种时候,性格谨慎的人会瞻前顾后,更加犹豫不决,有时候觉得"我也应该做点什么",有时又会觉得"像现在这样也很好"。即使本人更喜欢稳定,但看到身边的人都在各显神通，不免觉得自己过于安于现状，不思进取，有一种被淘汰的感觉。但实际上，保持现状也未尝不可。如果感觉过分保守的处事方式已经影响了自己的人生质量，也可以努力改正，如若没有，也没有必要强迫自己变得激进冒险。也许，这就是目前最适合你的生活方式。

有一个孩子从小就非常散漫，此前他经常找我咨询。他的情况需要使用药物治疗，但因为他有抽动症，所以不适合使用药物。高中毕业的时候，他对我说过这样一句话："院长，我不想上大学。"我问为什么，孩子回答说，感觉自己不是学习的料，既然不适合学习，也就没有必要上大学了。我问他今后打算做什么，孩子说："我的缺点是不喜欢长时间坐在一个位置上。我喜欢到处跑，尤其是坐着车出去，这时心情会非常舒畅。我有抽动症，所以很难和别人建立关系。"他说他打算先买一辆二手货车，拉着蔬菜和海鲜到各处卖，学会做生意之后，再从事餐饮或食品流通业。他觉得开着车四处转特别适合自己，还有，自己平时喜欢絮絮叨叨，也特别适合不停叫卖——"大家快来买呀！"虽说做生意也需要跟人打交道，但并不需要长期维持关系，所以他觉得自己应该可以做好。

孩子的话听起来很有道理，我和他的父母商量了一下，大家都支持他这样做。孩子做了几年小本买卖，现在经营着一家规模很大的饭店。这个孩子很清楚自己的缺点，虽然健康状况存在一定问题，但他懂得扬长避短，在自己擅长的领域最大限度地发挥了能力。

　　人类的特质是多样的，胆小的人、散漫的人、过于谨慎的人，都具有各自的特点和特质。有的人不打没有准备的仗，有的人喜欢打破砂锅问到底，还有的人做事之前习惯先投石问路。这在某些方面可能是优点，在其他方面也可能是缺点。要想认识自己，就要综合看待这些特质。

　　如果认为需要改进，那就稍微努力一下，但是，你不需要完全改变自己。因为不管是谁，做自己才最快乐。

## 你很好，
## 但不要期待所有人都喜欢自己

三个月前，有一位二十多岁的青年来过我们诊所，那时他告诉我自己找到工作了，非常高兴。但昨天他突然对我说："院长，我觉得这家公司不适合我。"根据他的描述，他的上司脾气很差，假如上司对青年完成的工作不满意，就会劈头盖脸一顿骂，比如："喂！工作做成这样，你还好意思领工资？"青年说自己工资本就不高，在这里还要伤自尊，不想再在这家公司干下去了。不过，我还是建议他继续留下来。青年问我："难道是我有问题吗？"我也直言不讳地回答说"是"，他有些气愤，反问道："为什么？"我说："你们的关系就是这样的。上司和你只是工作关系，你负责的业务完成得不好，上司就要担责任，所以他才发火。但是，这种反应针对的只是你工作上的失误，而不是因为他对你本人有意见。"青年又不服气似的说了句："那就不能好好跟我说吗？"我说："如果能做到那一点，他的人格可以说是非常优秀了。但是，我们可以期待自己的父母、兄弟姐妹、老师这样，对于只存在工作关系的人来说，一切自然只以工作为中心。他做得确实不是很好，但你没必要因此辞掉工作。你只需要告诉自己'这人的人品不怎么样，不是个好领导'，就可以了。"

经常有很多被朋友伤到的孩子前来咨询，我会告诉他们："朋友并不总是对的，我们要好好想一想，朋友说的话是否正确。如果他们说得不对，我们就没有必要为此受到影响。当然，心情不好可以理解，可是，这个世界上说错话的人真的很多，难道我们每次都要为此黯然神伤吗？"我还会问他们："你觉得怎样做才是正确的呢？"孩子说出自己的想法以后，我会鼓励说："这样去做吧。只要你自己想通了，然后按照正确的方向去做就可以了。"

当孩子因为朋友而沉浸在痛苦之中，我也不会这样安慰："其实他（她）人挺好的"，或者"他（她）还不了解你，再过一段时间，他（她）肯定会知道你有多好的"。我会说："不管是在哪个小集体当中，都会有好人，也会有不好的人，无论何时都要记住这一点。别人是怎样的，我们无法左右，我们只能做好自己。集体当中必然会有跟我们不合拍的人，不要过多被他们的标准所左右。"

生活中我们经常听到一些人说："你怎么能这样对我？"可是，就算自己真的是很好的人，也依然会遇到不好的人。不管遇到如何不好的人，遭遇什么事情，自己依然是那个好人。我们必须接受的一个事实是——就算自己是好人，也不可能得到所有人的喜欢。为什么呢？原因很简单，因为每个人的想法都不同。不要再去纠结到底谁对谁错了，因为对方本来就是如此。工作关系的人，只谈工作就好。必须见面的话，只见面就好。没有必要存在的关系，就让它结束。假如自己费心费力，仍然不能使对方满意，那么，整理这些关系无疑是明智的做法。

曾经有作家在报纸上说过这样一句话："是时候整理一下乱七八糟的人际关系了。"这句话让我感触良多。他说得很对。假如把人际关系看作是以"我"为中心画的同心圆，其中有与"我"距离很近、和我很亲密的人，也有距离稍远、不太亲近的人，还有相距甚远、完全不亲近的人。"我"和所有人的关系不可能都一样。值得花心思、流眼泪和取悦的，是那些距离很近的人。对别人来说也是一样的。所以，不要因为距离很远的那些人不理解自己而钻牛角尖。

另外，还有些人根本就不在这个同心圆里。对于那些和我们不熟的人、不够亲密的人，即使遇到想不开的事情，也不要把他们当成倾诉的对象，对其掏心掏肺。让烦恼随风而去吧，不要把它们说给不相干的人听。这样做不是因为害怕，而是因为没有这个必要。

还有一些人的想法与"我"不同，要知道他们本来就是这样的。我们可以骂他（她），但是不要当着第三方的面这样做。当然，如果是只有两三个非常亲密的朋友的场合，你可以适当表达一下心中的不满,但不要公开这样做。其他人的感情和想法跟我们不同,一般来说这是无法分清对错的。只需承认一个事实,那就是每个人的立场和想法都不同。不能因为别人和自己不一样,就较真说:"你怎么会这么想?你这样是不对的!"

最后,如果对方开口认错,说"对不起"了,那么最好的反应是接受这份道歉。也许你感受不到其中的真心,认为换作是自己的话,绝对不会这样道歉。但是,这毕竟是我们自己的想法。换了自己的话,自然会做得更好,可对方毕竟不是我们自己,我们能做的,就是接受对方的道歉。即使感受不到对方的真心,也可以在心里想着"他(她)终于道歉了",然后让事情翻篇。人很难做到完全客观,大多数时间只能是主观的,尤其是涉及与他人发生纠纷的事情,就更是如此。我们应该努力不以自己的主观想法看待他人的感情。

有一个孩子,我差不多是看着他长大的。他很小的时候非常爱哭,情感也非常脆弱。现在他已经是一名大学生了。不久前,我和他聊过一次天。我说:"你小的时候非常脆弱,就像轻轻一碰,碗就会出现裂痕一样。所以,你的父母在很长一段时间都把你保护得非常好,以免让碗出现裂痕。"孩子问:"那我现在好一些了吗?""最近好像没那么容易出现裂痕了,不过碗好像还是有点薄。"孩子说:"可我现在根本就不像以前那样了呀。""我知道。相比以前是好了很多,但如果碗太薄,回音便会很大,所以情感一经碰触就会产生共鸣。回音在你的心中激荡,会带来痛苦。"孩子听到我的话，大声笑了起来。"这种回音给你带来了很多影响。它会撼动你，动摇你的根基。比如，有人说了让你不高兴的话，你会想：'都是我不好，活该被人说。'这种想法无疑会动摇你的根基。"听到这里，孩子不再笑了。我告诉他："这种时候，一定要抓紧自己的碗。今后，还要让这个碗变得更厚实一些，这样才能成为核心稳定的人。感情细腻是好事，但是回音要少一些，如果碗太薄了，别人就可能一直动摇你。但是，别人并不总是对的。有的人很爱你，但说出的话却会让你不舒服，因为他（她）不是心理医生，不懂得他人的心理。这种时候，要及时抓稳自己的碗，心里想着，'他（她）说这些都是因为关心我'。"

在内心受到某种刺激，感受到疼痛之前，请抓稳自己的碗。不要让它的回音持续太久，更不能让它动摇我们的根基。

## 避开自己不擅长的事情，
## 也是一种智慧

有一位三十多岁的男子，十几年的时间里，一直在参加教师招聘考试。从小父母就对他在学习上抱有很高期待，好在他成绩一直不错。父母希望他长大以后能当老师，男子听从父母意愿选择了师范大学。最开始，他对从事教育并不感兴趣，可每次违背父母的意愿，父母就会很生气，继而发生争吵，最后他只能妥协，按照父母为自己设计的道路生活。大学刚毕业那段时间，为了在社会上先站住脚跟，男子去了一家补习班授课。这时他才发现，教师这个职业远比想象中有趣，且富有意义。可没有想到的是，父母说他现在等于在打零工，还问他打算这样将就到什么时候。男子对我说："每当听到父母这样说，我就觉得自己像虫子一样可悲。难道我永远都无法得到他们的认可吗？"

假如父母能理解自己，那自然再好不过，但是，对于现在已经是成年人的他来说，父母的认可并不是必需的。假如不能得到父母的道歉和安慰，那么只能努力打开一扇新的窗口，扩大自己看世界的视野。

男子说，在补习班上课期间，每当从孩子们那里听到"我喜欢上老师的课""老师很厉害"之类的评价，就会感到很幸福。也许，这些才是他真正想要的东西。对他来说，头衔之类的并不重要，教学的过程本身才是最有价值、最珍贵的。优秀的老师在任何场所都可以传授知识，比起父母如何看待"我"，"我"如何看待自己才是最重要的，这才是真正的独立。目前他需要做的，就是从事自己喜欢的工作，找回快乐和自尊。能否最终被聘用为正式教师，只是稳定与否的不同。只要能对孩子们产生好的影响，无论何时何地都是一件有价值的事情。一个人只有拥有感受幸福的能力，才能懂得珍惜自己，这种感觉会使我们的内心变得丰盈和坚强。

读到这里，也许你已经明白了自己不幸的源泉是什么。那么，现在请想一下，自己的幸福源泉在哪里呢？"我为什么要经历这样的事情？身为父母，怎么能这样对待孩子？"即使是怀有如此伤痛的人，也不可能在二十五年的时间里，一年三百六十五天、一天二十四小时一直感到不幸。有的时候心情也会很好，除了父母，周围也会有其他对我们好的人。即使是不合格的父母，也会有对孩子好的时候，比如偶尔给孩子做了好吃的溏心鸡蛋，或者某一天问孩子："你不是喜欢吃玉米吗？"然后为孩子买回了煮玉米，哪怕这样的日子并不多。

也许，现在的你带着满心的伤痕，非常艰辛地长大成人了。但是，你不是坏人。虽然在不合格的父母膝下艰难地长大，但没有走歪路，而是成了很好的人。既然如此，你就是有力量的。赋予你力量的资源和能力就存在于某处，就算付出再多努力，也必须找到它，因为这是你幸福的源泉、力量的源泉。

也许你会说："不，我不是好人。"其实，你只是受了伤，还处于痛苦之中，但绝非邪恶之人。你从来都没有害过人，不是吗？而且你也知道，这是为人之根本，所以你一直在为此努力。只要有这样的意识，就不是坏人。还有，你认为怎样才算是好人呢？毕业于名牌大学、年薪丰厚、能经常带着孩子去国外旅游？其实不尽然。在我看来，好人一定要有同理心。比如，看到灾难事件的新闻报道，会感到心痛，并希望帮助受害者，这就是同理心。是否对别人好是其次，首先不能有害人之心，不去作恶，这是做人的根本。你觉得自己很没用吗？不，这个世界上确实有坏人，但没有没用的人。而且，不一定非要做好事才是好人，只要不害人，就是好人。如果能经常做善事，那就是非常优秀的人了。

虽然你在很小的时候受到来自父母的伤害，但长大以后依然成了一个正直的人，这说明你拥有一种看不见的力量，它在一直支撑着你。不要因为目前的人生境遇不如意，就任意贬低这一事实。也许这是你在某个地方，某一瞬间，受到了某人的影响，请退一步，好好想一想。

经常有孩子问我："院长，我不知道以后要做什么。"于是我问："你喜欢做什么？"孩子会告诉我他们喜欢这个、那个。"那么，有什么是你不想做的呢？也可以想想看。如果你足够了解自己，一定明白自己最讨厌的事情是什么。如果暂时不清楚自己要做什么，最起码可以回避不愿做的事情。"有的孩子会说，工作到很晚没关系，但是早上早起真的很困难。这时我就会告诉他们，如果是这样，那么就不要选择那些需要上早班的工作。这么懒惰，是不是应该改掉？早上起不来的毛病也许可以改掉，但根据我的经验，人的很多特性其实都很难改变。尽量避开那些自己死也不愿做的事情，这也是一种智慧。

还有一些事情是无论怎么努力都做不到的。有这样一个孩子，她平时学习成绩很不错，但高考的时候就会考砸。我告诉她："从第一次参加高考，到两次复读，你已经参加过三次高考了，你可能不太适合高考这种一局定乾坤的考试。你本身是有实力的，但是接下来还是避开这种考试比较好。"孩子问我："我能避开吗？"我说："当然了，有一些考试是给好几次机会的。高考这样的考试，可能真的不太适合你，不要太执着于这个了。"有的人一生都执着于此，于是一直生活在挫折感中，他们太不了解自己了。考试落榜并不意味着自己一无是处，不要过度执着于不适合自己的东西，并在屡次失败之后看轻自己。从长远来看，也许这是需要改进的地方，但是，没有必要为此赌上自己的人生。我们应该了解自己，避开那些自己不擅长的事情。

## 我们现在走的这条路，
## 也许是最好的安排

有一位妈妈的职业是法官，她的孩子身体不太好，需要长期去医院接受治疗。妈妈一直有很深的负罪感，我和她就这一问题聊了很长时间。我说，如果孩子目前已经可以稳定地接受治疗，妈妈不一定非要辞掉工作，也无须为自己还在继续上班而感到内疚。孩子已经治疗了一年左右，后面还需要很长时间康复，并不是只有为孩子牺牲一切，才代表妈妈爱孩子。

这位妈妈苦恼了很久，最后还是辞掉了工作。她说，总觉得有一天自己会后悔："如果当时我能日夜守在旁边照顾，孩子的情况会不会比现在更好一些？"也许她会后悔自己放弃工作，但如果现在不全力照顾孩子，将来会更加后悔，而这份悔恨是她难以承受的。

有时候，我们会突然对自己长久以来的状态产生疑问：

"我做得足够好吗？应该继续这样生活下去吗？"这样想着，我们开始对过去发生的事情追悔莫及：如果当时没有如何如何就好了，如果当时如何如何就好了。对没有走过的路的憧憬和遗憾、委屈和期待，谁都会有，但是，就算走了错过的那条路，也难保今天不会感到后悔。

不要对没有走过的路抱有太多幻想。短暂放空的时候，你可以对其稍作想象，但要明白，我们现在走的这条路，也许就是最好的安排。因为在做出选择的瞬间，我们身体里的每一个细胞都尽了最大努力，才选择了现在这条路。在当时的情况下，从某种程度上来说，也许当时的你别无选择。但最终，人生大部分都是自己的选择，而这些选择是由我们心中的那幅"幸福的图景"决定的。当我们在滚轮般不断往复的日常生活中突然感到空虚的时候，请倾听一下自己内心的声音。在做出选择的每一个瞬间，问问自己，对"我"来说最重要的是什么？

那么，"我"心中"幸福的图景"是怎样的呢？"我该如何生活才会幸福？"请不断思考自己的标准。需要做出选择的时候，请按照你心目中的最高价值进行排序，然后据此选择。这才是正确的做法。

无论最终做出的是何种选择，都不要后悔，也无须纠结"我做得对吗"。没有谁的人生可以鱼与熊掌兼得，也没有人可能同时走两条路。只要你的价值取向是正常的、正确的，就可以了，其他人谁都没有资格指责你的价值标准。选择之后，就不要后悔，也不要有负罪感。因为在那一瞬间，那就是你最幸福的方向。请相信自己的选择。

日常中那些琐碎的选择都会对人生产生细微的影响，但是，还有一些选择会对我们产生决定性的影响。比如说，自己要从事什么工作，要寻找怎样的伴侣，等等。即使做出这些选择需要很多时间，即使身边的人反对，这一行为的主体也应该是你自己。不要迫于周围的压力而仓促做出选择，否则将来你很可能会埋怨和憎恨他们。上大学、找工作、结婚、生子、养育孩子，这样的人生节奏看似平凡，但无一不是决定你人生幸福的重大事件。它们应该由你根据自己"幸福的图景"，能动地进行选择。你应该选择的不是别人想要的生活，而是自己想要的生活，这样以后才不会后悔。

对我个人而言，我有很多身份——母亲、妻子、女儿、儿媳、精神科医生、医院院长、广播人、作家……我认为自己的每一个身份都很自然。难道所有身份的我都很完美吗？不是的，在某些方面可能我做得比较好，但在某些方面我做得还不够好。但是，这些不同的身份不会在我体内发生冲突，我对自己的所有感情都很好地融合在一起，对每一种身份都没有违和感。按照专业的说法，这属于自我调节功能当中的"身份认同"。

不要要求自己太完美。身份单一的时候，谁都可以做得很好，但随着身份的增加，难免会有一些不完美的地方。一个人扮演的角色增多后，自我的调节功能就会减弱，从而引起错乱和不安。这时要对自己宽容一些，才能包容和善待我们身边的亲人和朋友。

无论过去发生的是好事还是坏事，它们累积的结果就是现在。我们不能对过去完全视而不见。原生家庭带来的伤害，让你至今都无法释怀。但是，整顿心情，让它们过去，你才可能看到新的窗口。抓着过去不放的人只能停留在昨天，而我们的身体生活在"今天"。过去的事情，就让它们过去吧。

有一次，我让家里的智能语音设备设定闹钟。当时是上午七点半，我看错了时间，让其设定上午七点十五分的闹钟。结果它说："过去的时间无法安排。"虽然这是机器说出的话，但听到这句话的瞬间，我的心里产生了深深的共鸣。啊！是的，不管过去的是光荣还是伤痛，现在的我们都对其无能为力了，除非坐上时光机，否则一切都无法扭转。过去的事情当中，有感悟，有伤痛，也有遗憾、悲伤、屈辱，但是，无论我们行使何种力量，都无法改变这些过往，它们只是我们可以回顾的一些资料而已。不管结果是好还是坏，它们都是漫长的人生道路中的一段时间而已。现在，一切都已经过去了。

## 做好对今天最好的安排，
## 便足矣

既然这么辛苦，我们为什么还要活着呢？是因为人生在世，总会有好事发生吗？我认为，我们活着是因为每个人都应该对自己负责，而不是为了别人。出生在这个世界上，不管有没有得到过爱，不管人生是否顺利，不管遇到怎样的苦难和难题，人都应该对自己的生存负责。我自己也是这样做的，所以每一天我都在倾自己所能，好好生活。

"竭尽全力"，前面说过，这个词可能会让人感到有负担。但是，这里我想说的"今天最好的安排"和前面所说的"竭尽全力"不太一样。比如说，今天我们太累了，休息了一天，那么这就是今天最好的安排，没有必要觉得"我这么忙，今天却浪费了一天，呜呜"。今天应该做事，但因为身心都很疲惫，所以我需要休息，那么我们就可以告诉自己："好吧，今天就到这里吧。今天好好休息，才是对我最大的帮助。"并不是只有生产性地创造和实现什么、消化密密麻麻的日程安排，才是对今天最好的安排。昨天和今天，以及一年后的今天，都是一样的日子。每天早上太阳都会升起，每天晚上太阳都会落下，所谓意义是人类赋予的东西，从天亮起床到晚上入睡，只要活得对自己有意义，那就是今天最好的安排。

有人会问："孩子最近成绩下滑，万一十年后上不了大学怎么办？"没必要这么早就开始担心，这并不是非常严重的问题。如果孩子成绩确实比以前差很多，可以问问孩子："今天的考试很难吗？不会做的多吗？"假如孩子回答："有很多不会做的。"家长可以说："那我们找一道不会做的题，一起攻克一下吧。"对家长和孩子来说，这便是"今天最好的安排"。

也有人总是背负着"该攒点钱了"的紧迫感，如果你也是这样的话，今天少花一点钱就可以了。出门的时候带着水，不买饮料，吃饭自己做，不点外卖。如此，对于自己的攒钱计划来说，今天一天已经尽了最大的努力。但是第二天遇到了好朋友，我和他一起吃了饭，还喝了茶？那也是今天最好的选择，因为比起钱来，今天我感受到了更珍贵的幸福。

如果你今天没努力工作，非常后悔，请告诉自己，这也是今天最好的安排。因为感受到后悔，才能明白："啊，下次就不要像今天这样让自己后悔了。"后悔也没关系，重要的是不要用它来贬低、指责和折磨自己，没有必要那样做。

我也会担心，也会不安，以及后悔。我也有心情不好的时候，也会突然发火。我也和所有人一样。但是我一天的目标是，在入睡之前找回内心的平静。如果发现内心有贬低自己的想法，就振作一下；如果感到担心未来，就让自己冷静下来。从早上睁开眼睛直至夜晚入睡，我平稳地度过了所有时间，那么这就是我"今天最好的安排"。

今天很重要，正是因为有无数个今天，才累积起现在的"我"。今天是明天的肥料，不要过分担心未来。很多人因为担心尚未发生的未来，内心极度不安，以至于无法享受今天的安稳。我们固然应该思考今后应该如何生活，但很多时候，我们的担忧都超过了适当的限度，这样一来，今天就会一直在不安中度过。

所谓"最好的安排"，指的是在自己能力范围之内可以做出的最好的选择。今天有点累，那么休息就是最好的选择。今天一直在不停地担心，那么问问自己"我在担心什么呢"，让自己冷静下来，这就是最好的选择。今天心情很不好，心里盘算着"今天还是不要见人了"，一个人打发时间，这也是最好的选择。如果今天有些易怒，为了避免冲突，最好少说话，这就是最好的选择。

如果在公司上班，虽没有身担要职，但既然这是自己的工作，那么在这个岗位上一天，就要尽职尽责一天。如果是残障儿童的妈妈，今天也像往常一样，没能和孩子说一句话，但只要尽力照顾孩子，还和孩子相视微笑过，今天就是有意义的。有很多瞬间，也许你依然在担心孩子长大后也不能说话怎么办。暂时的担心没关系，但不要一直活在担心之中走不出来，过度的担心会让你错失人生中幸福或者平静的一天。

2008年的一个星期六，我去体检。医生告诉我，我的胆囊上好像有恶性肿瘤。星期一早上，我接受了更加精密的检查，结果显示恶性肿瘤的可能性非常大。虽然手术后才能知道确切结果，但目前来看，胆囊癌的可能性高达93%。由于已经查出大肠癌，如果再确诊胆囊癌，我可能就活不了多久了。知道结果以后，我回到自己的医院继续接待患者。问诊的过程中，我没怎么去想胆囊癌的事，还是像平常一样工作。

现在想来，不知该说自己胆子大，还是不正常，但是，这就是我对今天最好的安排。我不是刚做完手术需要静养的病人，还有很多预约过的患者在等着我，所以我必须回去工作。这些预约的患者当中，有请假从外地过来的，也有急切希望见到我的家长。我现在的担忧并不是马上就可以解决的事情，因此，对我来说最重要的还是与这些人见面，为了我所承担的责任竭尽全力。

下班后回到家中我才陷入沉思，假如自己真的活不了多久该怎么办？周二我也正常上班了。正在问诊的时候，电话铃响了。星期三我需要动手术，医生告诉我，要在今天下午六点之前住进医院，及早为手术做准备。我看了下手表，当时是下午四点半。放下电话，我匆忙整理了下东西，便住进了医院。这期间我在心里想："像我这么心大的人估计也不多吧。"幸运的是，手术后医生告诉我，病理结果显示不是癌症。大肠癌虽然确诊了，但因为是初期，所以治疗起来相对比较简单，不用太担心。

周三做完手术，周四是我进行公益演讲的日子，那一天会来很多家长，但我不得不取消这次演讲。星期一得知有可能是恶性肿瘤后，我很快确定了手术日期，接着便给演讲负责人打去电话，告诉对方我因为身体出现严重问题，无法如期演讲了。负责人说，短短几天之内怎么会发生这样的事，毕竟约定演讲在前，希望我能遵守约定，说我不能这么不负责任。突然取消演讲会带来很大的麻烦，他必须一一给参加者打去电话说明情况，征求对方的谅解。但我只能说："我也不想这样，但是没有办法。我不是那种不讲信用的人，但这次情况特殊，是攸关我生死的问题，所以真的非常抱歉。"当时我的心情与其说是感到遗憾，不如说体会到了一种空虚感，即"人虽然不总是自私的，但在遇到重大问题或危难的关口，还是会只考虑自己"。

在那之后，又经历了很多事情。我终于明白，我们能做的，就是在自己力所能及的范围之内做到最好。别人是否认可我们，不外乎是根据自己的立场做出的判断，这是无法改变的。所谓人生就是，慎重决定自己需要做的事情的轻重缓急，并为此竭尽全力。人生总有不得已的事情，而且每个人的立场都不一样，对此我们需要具备基本的理解与共鸣。如果我们已经尽力了，别人却仍然不满意，那也是没有办法的事情。

我遇到过很多人。有的人非常富有，但戾气很重；也有的人非常贫困，却能自得其乐。人活着，有必要那么锱铢必较吗？浮生若梦，但不能说没有意义。无论如何，我们能做的，就是尽自己最大的努力去过好每一天。

前不久我又进行了一场演讲。演讲结束出来的时候，一位妈妈向我走来，她眼里噙着泪，紧紧抓住了我的手说："吴博士，我能给您的只有这个了。今天听了您的演讲，我学到很多，本来我有些东西一直想不明白，您给了我很大帮助！"说完，她把一块小小的糖果塞进了我的手里。我拥抱了她一下，对她说："正好我嗓子觉得很干，谢谢您！"

　　平时我很少吃糖，可是那天，一上车我就把糖放进了嘴里。我好像从来没吃过这么好吃的糖果，那天我觉得自己很幸福。充实地度过一天之后，体会到这样的幸福是多么难得。今后的日子里，这些经历都将变成充足的养分，滋养着我们的人生。

# 写在最后

## 每晚入睡之前,请原谅自己

孩子一整天都不听话,到了晚上,筋疲力尽的妈妈终于忍不住对孩子发火了。她知道自己不应该歇斯底里,也知道应该心平气和地和孩子说话,但最终还是没有忍住,她大声骂了孩子,还说了许多不该说的话。看着抽噎着入睡的孩子,妈妈感到非常后悔:"我是他的妈妈啊,我怎么能这样对他呢?"她突然对自己感到无比寒心。这位妈妈来找我咨询,她说自己这样不是一天两天了,一周当中大概有超过一半的时间她都在发火。

听完这些,我对她说:"每晚入睡前,请原谅让'我'一整天都很疲惫的孩子,同时也请原谅没有带好孩子的自己。"

每晚入睡之前,与其回顾一天的经过,深刻反省自己,不如原谅自己。也许你会问:"要想成为更好的人,难道不是应该多反省自己吗?为什么要原谅自己呢?"我会回答:"本来就没有所谓更好的人。"我经常说,世界上没有没用的人,因此也没有更好的人。努力成为更好的人是一种好的姿态,但为了成为所谓更好的人而折磨自己是不可取的。适度的反省是好的,但是不要对自己太过苛刻。想想看吧，多少次，我们总是为了迎合别人制定的标准而让自己疲惫不堪。

比起成为"更好的人"，成为"认识自己的人"更重要。因为只有了解自己，才能更好地和自己相处。人生就是不断了解自己的过程，对自己了解得越多，思想就会越透彻，内心也就越不容易动摇，让自己失望的事情也就不会那么多了。

上文中提到的妈妈也是这样。比起要求自己无条件做到"不能大声吼孩子"，更重要的是要想清楚，"啊，原来每次遇到这种时候我就会情绪失控"，这样才能减少自己的这类行为。要想了解自己，必须找回内心的安定感。而要想找到内心的安定感，就不能厌恶和非难自己，而要承认和原谅自己。

今天有人对你说了很重的话，你气得七窍生烟，但是，请不要和此人置气。不管未来你能否原谅这个人，都请先原谅气得跳脚的自己；上司提出的要求很无理，你想质问为什么，却什么都说不出来，请原谅畏首畏尾的自己；遇到一点小挫折就轻易放弃了，原谅自己的抗打击能力不足吧；明明爱孩子胜过爱自己的生命，可一时没压住气，对着孩子说"真是够了！"，原谅自己吧；明明做错了事，还要厚着脸皮狡辩说"这也是可以理解的吧"，原谅自己吧；旁边的车突然插队到自己的车前面，情绪激动之际骂了脏话，也原谅自己，告诉自己："今天真是一波未平一波又起，太不容易了，我要原谅自己！"请努力真诚地原谅自己。只有这样，我们才能最终找回内心的安稳。

人活在世上，有时我们会因为一些小事和不相干的人，意外经受巨大的痛苦。这种情况下，人的神经会变得敏感，很容易刺伤自己。原谅自己，这是恢复情绪稳定的过程，也是审视自己的过程。

我的意思并非让大家做错了事也满不在乎。回顾自己曾经的懦弱和幼稚、因为一点小事发火、对别人的恶意等，不要否认它们的存在，而是在承认它们存在的同时，找回内心的安稳，让自己平静下来，不要因为它们而动摇内心的支柱。这就是我们必须原谅自己的原因。

给大家讲个故事。从前有一个农夫，他生活富裕，身体健康，妻子聪明伶俐，勤俭持家，孩子们也很孝顺。一句话，农夫生活得非常幸福。但是有一天，这位农夫和隔壁的农夫打起来了。事情的起因是，农夫家里的母鸡跑到邻居家下了蛋，农夫的儿媳妇去要鸡蛋，没想到邻居家的儿媳妇板着脸说："我们可没捡过别人家的鸡蛋。"于是两个儿媳妇吵了起来，紧接着双方的两个儿子吵了起来，最后，农夫和邻居农夫也加入了进来。之后，两家隔三岔五就要吵架，一直闹到去打官司。村里人看了都直咂舌。

最后，农夫在这场官司中胜诉了。一天晚上，农夫看到邻居农夫点燃了自己家库房里的稻草。农夫想，这是个好机会，一定要把对方抓个现行，让他好好吃顿苦头。于是，看到对方慌不择路地往回逃，农夫在后面紧追不舍，可眼看就要抓住的时候，农夫的头不小心撞到木头，一下子晕了过去。

不知过了多久，农夫终于醒过来了。这时他吃惊地发现，稻草捆上的火苗早已变成了熊熊烈焰，不仅是自己家，连邻居家也被烧了，整个村子有一大半都火光冲天。农夫望着火势，失魂落魄地重复着一句话："如果当时把稻草捆拖出来扑灭就好了……把稻草捆拖出来就好了……"

这是俄罗斯大作家托尔斯泰的短篇集里的小故事。

要想更好地迎接明天，请在今天结束之前原谅自己。熄灭内心不良的火种，这就是原谅。今天萌发的火种，请让它在今天熄灭。否则，它会在不知不觉间变成熊熊燃烧的火苗，把我们心灵的房屋全部烧毁。心灵的房屋不复存在了，我们珍惜的东西也会化为灰烬。希望任何人都不要犯农夫的那种错误。

## 自我和解：给曾经受伤的孩子

作者 _ [韩] 吴恩瑛　　译者 _ 叶蕾

编辑 _ 周喆　　装帧设计 _ 小贰　　主管 _ 阴牧云
内文排版 _ 星野　　插画绘制 _ Lee Seonkyoung
技术编辑 _ 顾逸飞　　责任印制 _ 杨景依　　出品人 _ 贺彦军

营销团队 _ 苑文欣 魏洋　　物料设计 _ 小贰

果麦
www.goldmye.com

以 微 小 的 力 量 推 动 文 明

图书在版编目（CIP）数据

自我和解：给曾经受伤的孩子 /（韩）吴恩瑛著；叶蕾译. —— 北京：国文出版社，2025. —— ISBN 978-7-5125-1802-5

Ⅰ. B849.1

中国国家版本馆 CIP 数据核字第 20245CZ694 号

北京市版权局著作权合同登记号　图字 01-2025-0395 号

Copyright © 오은영 吴恩瑛, OH EUN YOUNG
Illustration by Lee Seonkyoung
All Rights Reserved.
Original Korean edition published by DAESUNG CO., LTD.
Simplified Chinese translation copyright © 2025 by Goldmye Inc.
Simplified Chinese Character translation rights arranged through Easy Agency, SEOUL and YOUBOOK AGENCY, CHINA

本书中文简体字版权由玉流文化版权代理独家代理

## 自我和解 ：给曾经受伤的孩子

| 作　　者 | [韩]吴恩瑛 |
|---|---|
| 译　　者 | 叶　蕾 |
| 责任编辑 | 侯娟雅 |
| 责任校对 | 周　喆 |
| 出版发行 | 国文出版社 |
| 经　　销 | 全国新华书店 |
| 印　　刷 | 北京世纪恒宇印刷有限公司 |
| 开　　本 | 880 毫米 ×1230 毫米　　32 开 |
| | 7.75 印张　　　　　　　154 千字 |
| 版　　次 | 2025 年 5 月第 1 版 |
| | 2025 年 5 月第 1 次印刷 |
| 书　　号 | ISBN 978-7-5125-1802-5 |
| 定　　价 | 55.00 元 |

国文出版社
北京市朝阳区东土城路乙 9 号　　邮编：100013
总编室：（010）64270995　　传真：（010）64270995
销售热线：（010）64271187
传　真：（010）64271187-800
E-mail：icpc@95777.sina.net